军用移动电站技术

主 编 张 强

参 编 王 莉 鄂卫波 樊 波

程培源 杨新宇 牛天林

杨旭峰 边岗莹 赵广胜

国防工业出版社

·北京·

内 容 简 介

本书较全面地论述了军用移动电站的主要技术及其应用,介绍了军用移动电站的基本概念和主要参数指标,详细分析了常用柴油发动机和同步发电机的结构特点、工作原理,并论述了机组控制技术;为适应军用移动电站技术的发展,介绍了取力发电机组、燃气涡轮发电机组、静止变频电源和储能电源等新型电源设备。

本书可供从事军用移动电站论证、研制、管理、使用的科技人员和管理人员提供学习参考;可作为高等院校相关专业的教材,也可作为相关专业人员解决实际问题的参考资料。

图书在版编目(CIP)数据

军用移动电站技术/张强主编 . —北京:国防工业出版社,2016.10
ISBN 978-7-118-10932-0

Ⅰ.①军… Ⅱ.①张… Ⅲ.①军事装备 – 移动式 –
电站 – 研究 Ⅳ.①TM624

中国版本图书馆 CIP 数据核字(2016)第 237247 号

※

国防工业出版社出版发行

(北京市海淀区紫竹院南路23号 邮政编码100048)
三河市天利华印刷装订有限公司
新华书店经售

*

开本 787×1092 1/16 印张 11¼ 字数 254 千字
2016 年 10 月第 1 版第 1 次印刷 印数 1—1500 册 定价 59.00 元

(本书如有印装错误,我社负责调换)

国防书店:(010)88540777 发行邮购:(010)88540776
发行传真:(010)88540755 发行业务:(010)88540717

前　　言

作为电源装备,军用移动电站是整个地面武器系统的主要装备之一,是作战任务顺利完成的必要保障和根本前提。一旦电源装备出现故障,必将会"牵一发而动全身",整个武器系统就因失去电能而失去作战能力。

随着武器装备新技术的发展,军用移动电站的自动化程度越来越高,电站自动控制和监控技术、计算机控制技术、变频技术、故障诊断技术、燃气涡轮发电机组自主供电等多种技术在地面武器系统电源设备中得到广泛应用。本书针对装备的发展趋势,论述了常用柴油发动机和同步发电机的结构特点、工作原理,以及机组控制技术,并介绍了取力发电机组、燃气涡轮发电机组、静止变频电源和储能电源等新型电源设备及技术。

本书是集体创作的成果:第1章由张强撰写;第2章由鄂卫波和牛天林撰写;第3章、第4章由王莉和张强撰写;第5章由樊波和杨新宇撰写;第6章由程培源和边岗莹撰写;第7章由樊波和杨旭峰撰写;第8章由张强和赵广胜撰写。全书由张强统稿。

通过多年本科生班的教学实践,边教学边修改,本书内容逐步得到完善。与实装电源设备紧密结合是本书的特色。

在本书编写过程中,曾参考了兄弟院校和工业部门的资料及其他相关教材,并得到许多同行的关心和帮助,在此一并表示衷心的感谢!

由于编者水平有限,书中恐有疏漏和不当之处,敬请读者批评指正。

编著者
2015 年 11 月

目　　录

第1章 军用移动电站概述

军用移动电站是地面武器系统的重要组成部分,作为主要动力源之一,为武器系统提供所需电源。只有在电源能够安全、可靠和不间断供电的情况下,才能充分发挥武器系统的作战效能,赢得体系对抗的胜利。

1.1 基 本 概 念

据国家机械行业标准JB/T8194—2001定义的电站系列名称术语,内燃机电站是指原动机为内燃机的一台或数台固定式发电机组和移动电站的统称。移动式电站是指装有一整体底架带轮子可移动的电站。发电机组指由内燃机、发电机、控制装置、开关装置和辅助设备联合组成的独立供电电源。

根据国家军用标准GJB409—2000定义,军用通用移动电站是指以内燃机为动力,为地面武器装备提供电能的通用型移动式电站。特种军用移动电站是指为满足地面武器装备对移动电站的特殊要求,采用特种内燃机(燃气轮机、转子发动机等)作动力的移动电站。随着科技的发展和技术的进步,有更多诸如汽车取力发电、静止变频电源、储能电源等新型电源技术被应用于军用移动电站。

军用移动电站可指以内燃机为主要动力,其他新型电源技术为辅,为地面武器装备提供电能的移动式电站。

1.1.1 军用移动电站的组成

军用移动电站是机动性较强的特种供电设备,通常装在汽车或拖车上供移动使用,主要由内燃机、发电机、控制装置、输电电缆及各种辅助设备等组成,如图1-1所示。它可将内燃机的机械能通过交流同步发电机转变为电能,并通过电缆输送给用电设备。

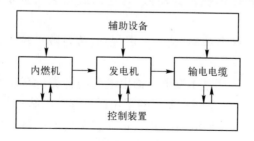

图1-1 移动电站的组成

移动电站由于体积小、灵活轻便、配套齐全、便于操作维护,所以广泛应用于地面武器装备,作为主要电源或备用电源。

内燃机和发电机通常为刚性连接,并通过减震器直接安装在由钢板焊接而成的公共底座上,控制装置和其他辅助设备(如燃油箱、蓄电池、冷风加热器等)都直接或通过架子间接固定在车架上。

在内燃机气缸内,经过空气滤清器过滤后的洁净空气与喷油器喷射出的高压雾化燃油充分混合,在内燃机活塞上行的挤压下,燃烧室容积缩小、温度迅速升高,燃油被火花塞点燃或自行压燃,混合气剧烈燃烧,体积迅速膨胀,推动活塞下行,称为做功过程。各气缸按一定顺序依次做功,作用在活塞上的推力经过连杆变成推动曲轴转动的力,从而带动曲轴旋转,这样内燃机就完成了一个工作循环。随着一个又一个工作循环的重复进行,内燃机就连续运转起来。

内燃机控制装置的核心是通过控制喷油量(或进气量)调节和稳定转速。一般分为机械调速器和电子调速器。

移动电站常用的发电机是交流同步发电机(简称为同步发电机),按照结构特点,同步发电机可分为旋转电枢式和旋转磁极式两种。前者磁极固定在定子上,三相交流绕组嵌装在转子上,经过转轴上的滑环及电刷与外电路接通。后者磁极装在转子上,而三相交流绕组嵌装在定子上。

由于旋转磁极式结构中磁极装在转子上,其电压和容量常比电枢小很多,电刷和滑环的负荷和工作条件便大为减轻和改善。因此旋转磁极式广泛应用于大、中型容量的同步发电机,并已成为同步发电机的基本结构形式。

旋转磁极式发电机,按照磁极的形状又可分为隐极式和凸极式两种:前者气隙是均匀的,转子做成圆柱形;后者气隙是不均匀的,极弧下气隙较小,而极间部分气隙较大。

对于中高速同步发电机,例如,柴油发电机以及同步电动机等,一般采用结构和制造上比较简单的凸极式转子。

1.1.2 军用移动电站的分类

军用移动电站的种类较多,常用的分类主要有以下几种。

1. 通用移动电站和特种移动电站

按照使用需求,军用移动电站可分为通用移动电站和特种移动电站,其中通用移动电站还可分为基本型电站和派生型电站。

(1)通用移动电站:以内燃机为动力,为地面武器装备提供电能的通用型移动式电站。

①基本型电站:列入装备体制、装备发展规划,装备数量较大,性能优良的军用通用移动电站。

②派生型电站:通过改变基本型电站输出电源的种类(交流、直流)或电压或频率或相数,为满足不同地面武器装备使用要求的军用通用移动电站。

(2)特种移动电站:为满足地面武器装备对移动电站的特殊要求,采用特种内燃机(燃气轮机、转子发动机等)作为动力的移动电站。

2. 柴油机电站和汽油机电站

按照机组所用燃料,军用移动电站可分为柴油机电站和汽油机电站。

(1)柴油机电站:原动机为柴油机的内燃机电站;

（2）汽油机电站：原动机为汽油机的内燃机电站。

3. 汽车电站和挂车电站

按照电站移动方式，军用移动电站可分为汽车电站和挂车电站。

（1）汽车电站：发电机组固定安装于改装汽车上所组成的整体；

（2）挂车电站：发电机组固定安装于挂车上所组成的整体。

4. 交流电站和直流电站

按照输出电能形式，军用移动电站可分为交流电站和直流电站。

（1）交流电站：输出交流电能的内燃机电站；

（2）直流电站：输出直流电能的内燃机电站。

5. 基本电站和备用电站

按照电站功能，军用移动电站可分为基本电站和备用电站。

（1）基本电站：作为受电设备主电源的内燃机电站；

（2）备用电站：在基本电站（或其他电源）因某种原因停止输出电能的情况下为保证受电设备用电所配备的内燃机电站。

6. 其他特殊要求电站

其他特殊要求电站，如自动化电站、低噪声电站。

（1）自动化电站：自动化程度符合自动化分级要求标准的内燃机电站；

（2）低噪声电站：满足低噪声标准要求的内燃机电站。

1.1.3 柴油发电机组的优缺点

柴油发电机组作为军用移动电站的主要设备，涉及内燃机、电机、电气控制和自动化技术等多学科交叉领域。

1. 柴油发电机组的主要优点

（1）单机容量等级多，配置方便。柴油发电机组的单机容量从几千瓦到几万千瓦，根据其用途和负载情况，可选择的容量范围大，具有适用于多种容量用电负荷的优势。还可以根据供电需求，采用单机组或多机组并联供电，配置灵活，冗余可靠。

（2）单位功率重量轻。柴油发电机组配套设备简单、辅助设备较少、体积小、质量轻。

（3）热效率高、燃油消耗较低。与燃气轮机和高压蒸汽轮机相比，柴油机有效热效率为30%～40%，有效热效率较高，因此其燃油消耗较低。

（4）启动迅速并能很快达到全功率。柴油机的启动一般只需几秒，在应急状态下可在1min内带全负荷，在正常工作状态约在5～10min内带全负荷。柴油机的停机过程也很短，可以频繁启/停。

（5）操作简单、维护便利。操作人员只需按照使用维护说明书操作即可启动柴油发电机组，并可按维护流程进行日常维护工作。

2. 柴油发电机组的主要缺点

（1）电能成本高。柴油机使用柴油作为燃料，单位发电成本相比市电较高。

（2）过载能力差。柴油机是活塞式往复机械，运行时其磨损较大，过负荷能力较差。

（3）环境污染较严重。柴油机燃烧排放较差，并且机组运行时振动大、噪声高，对周边环境污染较大。

（4）单机容量小。如果增加单机容量，机组体积也会增大，使得移动电站整体体积、质量都大大增加，机动性下降。

（5）电能质量稍差。柴油发电机组容量小、转速低，一般额定转速为1500r/min，同步发电机输出电压波形畸变大、三次谐波丰富。调速系统结构简单，调节精度稍差，尤其是动态特性稍差。

（6）直接启动电动机的能力较低。由于受到机组容量和强励特性的限值，对大容量笼式电动机的直接启动能力较低。

1.2　主要参数指标

军用移动电站的主要参数指标均须遵循国家军用标准和相关行业标准规定，下面以通用型交流移动电站为例，简要说明其主要参数指标及其含义。

1.2.1　环境条件

1. 海拔高度

一般不超过4000m。

2. 环境温度

下限值分别为-40℃、-25℃、-10℃（汽油电站）、5℃；

上限值分别为40℃、45℃、50℃、55℃。

3. 相对湿度

一般为93%（温度35℃）。

4. 气象环境

能适应雨、雪、冰、雹、雾、盐雾和霉菌等气象环境的影响。

5. 倾斜度

纵向：（电站纵向前、后）水平倾斜度，对柴油机电站为不大于10°或15°；对汽油机电站为不大于5°或10°。

横向：（电站纵向左、右）水平倾斜度，要求在产品规范中明确。

6. 环境温度的修正

当检验海拔高度超过1000m（但不超过4000m）时，环境温度的上限值按海拔高度每增加100m降低0.5℃修正。

1.2.2　工作运行方式

1. 连续运行

按规定工况和期限不间断地工作。例如，可具体定义为：电站在海拔高度不超过4000m条件下，应能按额定工况正常地连续运行12h（其中包括过载10%运行1h）。

2. 持续运行

指发电机组或电站无任一时间限制，但考虑了维修周期的运行。可具体按产品规范来规定，如电站超出12h连续运行时间为持续运行。

1.2.3 柴油发电机组的功率标定与修正

1. 标定功率

柴油发电机组的标定功率是指在标准环境(大气压力、相对湿度、环境温度)状况下连续运行12h的输出功率(其中允许超负荷10%运转1h)。机组超过12h以上连续使用时,其输出功率应修正为机组标定功率90%的电功率。

柴油发电机组的功率类别是综合考虑配套件的功率类别,并结合实际使用情况规定出来的。国家标准《往复式内燃机驱动的交流发电机组》第一部分"用途、定额和性能"中对柴油发电机组的功率定额做了如下规定:

1)持续功率(Continuous Power,COP)

持续功率是指柴油发电机组在规定的维修周期内和规定的环境条件下,每年的持续供电时数不受限制的功率,其维修按制造厂的规定进行。

2)基本功率(Prime Power,PRP)

基本功率是指柴油发电机组在规定的维修周期内和规定的环境条件下,每年可能允许的时数不受限制的某一可变功率系列内存在的最大功率,其维修按制造厂的规定进行。

3)限时运行功率(Limited Time Running Power,LTP)

限时运行功率是指柴油发电机组在规定的维修周期内和规定的环境条件下,能够连续运行300h,每年供电大于500h的最大功率,其维修按往复式内燃(Reciprocating Internal Combustion,RIC)发动机制造厂的规定进行。按该额定值运行对机组寿命的影响是允许的。

对于同一发电机组,额定功率的类别不同,其大小是不一样的,需注意机组铭牌上标注的功率类别。

2. 功率修正

当机组在非标准环境条件下使用时,应按柴油机功率的换算方法进行修正。换算公式为

$$P_H = \eta(K_1 K_2 P_e - N_P) \tag{1-1}$$

式中　P_H——机组的输出功率(kW);

P_e——柴油机在标准环境状况下的标定功率(kW);

K_1——柴油机功率修正系数,当柴油机长期运行时,$K_1 = 0.9$;当柴油机连续工作时间 <12h 时,$K_1 = 1$;

K_2——环境条件修正系数,见表1-1、表1-2;

N_P——柴油机风扇及其他辅助件消耗的功率(kW);

η——发电机效率。

表1-1　环境条件修正系数 K_2(相对湿度 $\varphi = 50\%$)

海拔高度 /m	大气压力 /kPa	环境空气温度/℃									
		0	5	10	15	20	25	30	35	40	45
0	101.35	—	—	—	—	1.00	0.98	0.96	0.94	0.92	0.89
200	98.66	—	—	—	0.99	0.97	0.95	0.93	0.92	0.89	0.86

海拔高度/m	大气压力/kPa	环境空气温度/℃									
		0	5	10	15	20	25	30	35	40	45
400	96.66	—	1.00	0.98	0.96	0.94	0.92	0.90	0.89	0.87	0.84
600	94.39	1.00	0.97	0.95	0.94	0.92	0.90	0.88	0.86	0.84	0.82
800	92.13	0.97	0.94	0.93	0.91	0.89	0.87	0.85	0.84	0.82	0.79
1000	89.86	0.94	0.92	0.90	0.89	0.87	0.85	0.83	0.81	0.79	0.77
1500	84.53	0.87	0.85	0.83	0.82	0.80	0.79	0.77	0.75	0.73	0.71
2000	79.46	0.91	0.79	0.77	0.76	0.74	0.73	0.71	0.70	0.68	0.65
2500	74.66	0.75	0.74	0.72	0.71	0.69	0.67	0.65	0.64	0.62	0.60
3000	70.13	0.69	0.68	0.66	0.65	0.63	0.62	0.61	0.59	0.57	0.55
3500	65.73	0.64	0.63	0.61	0.60	0.58	0.57	0.55	0.54	0.52	0.50
4000	61.59	0.59	0.58	0.56	0.55	0.53	0.52	0.50	0.49	0.47	0.46

表 1-2　环境条件修正系数 K_2（相对湿度 $\varphi=100\%$）

海拔高度/m	大气压力/kPa	环境空气温度/℃									
		0	5	10	15	20	25	30	35	40	45
0	101.35	—	—	—	—	0.99	0.96	0.94	0.91	0.88	0.84
200	98.66			1.00	0.98	0.96	0.93	0.91	0.88	0.85	0.82
400	96.66	—	0.99	0.97	0.95	0.93	0.90	0.88	0.86	0.82	0.79
600	94.39	0.99	0.97	0.95	0.93	0.91	0.88	0.86	0.83	0.80	0.77
800	92.13	0.96	0.94	0.92	0.90	0.88	0.85	0.83	0.80	0.77	0.74
1000	89.86	0.93	0.91	0.89	0.87	0.85	0.83	0.81	0.78	0.75	0.72
1500	84.53	0.87	0.85	0.83	0.81	0.79	0.77	0.77	0.72	0.69	0.66
2000	79.46	0.80	0.79	0.77	0.75	0.73	0.71	0.71	0.66	0.63	0.60
2500	74.66	0.74	0.73	0.71	0.70	0.68	0.65	0.65	0.61	0.58	0.55
3000	70.13	0.69	0.67	0.65	0.64	0.62	0.60	0.60	0.56	0.53	0.50
3500	65.73	0.63	0.62	0.61	0.59	0.57	0.55	0.55	0.51	0.48	0.45
4000	61.59	0.58	0.57	0.56	0.54	0.52	0.50	0.50	0.46	0.44	0.41

通常把柴油机的标定功率 P_e 与机组（同步交流发电机）的输出功率 P_H 之比，称为匹配比。用 K 表示，即

$$K=\frac{P_e}{P_H} \tag{1-2}$$

K 的大小受当地大气压力、相对湿度和环境温度等多种因素的影响。对于在平原上使用的一般机组，K 通常取 1.35～1.6；对使用要求较高的机组，K 应取 2。

1.2.4　柴油机与发电机的功率匹配

一般情况下，与发电机匹配的柴油机选用 12h 功率或持续功率作为标定功率。当选用 12h 功率表示标定功率时，说明柴油机在标定功率下（标准环境状况时）连续运行时间为 12h，其中包括超过 10% 标定功率情况下连续运行 1h；当选用持续功率作为标定功率

时,表示柴油机允许长期连续运行,其中包括可超过10%标定功率运行。通常持续功率为12h功率的90%。

柴油机铭牌表示的标定功率是按规定的标准环境状况下确定的,当环境条件与标准规定不同时,其功率应按前述方法进行修正。在配套时,柴油机应有足够的功率以保证发电机在标定运行的条件下输出标定功率。当发电机输出标定功率时,实际所需的柴油机最小功率输出可按下式计算

$$N_f = \left(\frac{P_H}{\eta} + P_e \right) / K_1 \qquad (1-3)$$

式中　N_f——柴油机最小输出功率(kW);

$\quad\quad\quad P_H$——机组的输出功率(kW);

$\quad\quad\quad P_e$——柴油机在标准环境状况下的标定功率(kW);

$\quad\quad\quad K_1$——柴油机功率修正系数,当柴油机长期运行时,$K_1=0.9$;当柴油机连续工作时间$<12h$时,$K_1=1$;

$\quad\quad\quad \eta$——发电机效率。

上式计算所得柴油机输出功率应调整到标准规定值或工厂技术说明书规定的功率等级。按经验,柴油机功率与发电机功率之比,对于平原固定发电机组取1.35:1,对于移动发电机组取1.6:1。

1.2.5　电气性能参数

1. 电站的额定功率

电站的额定功率指电站在规定工况下的输出功率,如50kW、100kW。

2. 额定功率因数

额定功率因数指额定有功功率与额定视在功率的比值,三相电站为0.8(滞后),单相电站为0.9(滞后)和1.0。

3. 额定电压

额定电压指在额定频率和额定输出时在发电机端子处的线对线电压,一般工频为400V,中频为208V或230V。

4. 额定电流

额定电流指额定工况下输出的电流,可计算得出。

5. 额定频率

额定频率指额定工况下输出的电流频率,常用工频为50Hz,中频为400Hz。

6. 电压整定范围

电压整定范围指电站的空载电压整定范围应不小于95%~105%额定电压,如输出额定电压为400V,则电压整定范围为380~420V。

7. 稳态电压调整率

稳态电压调整率指负载渐变和突变前后稳定的电压变化,用规定的电压百分数表示。由于电站的额定功率、指标类别、原动机类别不同,其稳态电压调整率范围为±1%~±5%。

8. 瞬态电压调整率

瞬态电压调整率指负载突变后的过渡过程中最大的电压变化,用规定的电压百分数表示。由于电站的额定功率、指标类别、原动机类别不同,其瞬态电压调整率范围为 $\pm 15\% \sim \pm 25\%$。

9. 电压稳定时间

电压稳定时间指电压从离开规定范围限值时起至电压恢复到规定范围内而不再超出的时刻为止的时间长度。由于电站的额定功率、指标类别、原动机类别不同,其电压稳定时间等级一般分为 0.5s、1.0s、1.5s 和 3s。

10. 电压波动率

电压波动率指负载不变时的电压变化限度,用规定值的百分数表示。由于电站的额定功率、指标类别、原动机类别不同,其电压波动率等级一般分为 0.3%、0.5% 和 1.0%。

11. 稳态频率调整率

稳态频率调整率指负载渐变和突变前后稳定的频率变化,用额定频率的百分数表示。由于电站的额定功率、指标类别、原动机类别不同,其稳态频率调整率范围为 $\pm 0.5\% \sim \pm 5.0\%$。

12. 瞬态频率调整率

瞬态频率调整率指负载突变后的过渡过程中最大的频率变化,用额定频率的百分数表示。由于电站的额定功率、指标类别、原动机类别不同,其瞬态频率调整率范围为 $\pm 3\% \sim \pm 10\%$。

13. 频率稳定时间

频率稳定时间指频率从离开规定范围限值时起至频率恢复到规定范围内而不再超出的时刻为止的时间长度。由于电站的额定功率、指标类别、原动机类别不同,其频率稳定时间等级一般分为 2s、3s、5s 和 7s。

14. 频率波动率

频率波动率指负载不变时的频率变化限度,用规定值的百分数表示。由于电站的额定功率、指标类别、原动机类别不同,其频率波动率范围为 0.25% ~ 1.0%。

15. 冷热态电压变化

冷热态电压变化指电站在额定工况下从冷态到热态的电压变化。对采用可控励磁装置发电机的电站应不超过 ±2% 额定电压;对采用不可控励磁装置发电机的电站应不超过 ±5% 额定电压。

16. 畸变率

畸变率指电站在空载额定电压时的线电压波形正弦性畸变率,用规定值的百分数表示。一般三相电站在空载额定电压时的线电压波形正弦性畸变率为 5% 或 10%。

17. 平衡负载

平衡负载指三相电站各相负载均相等或其偏差在规定范围内时的负载,以电站的不对称负载提出需求。一般要求额定功率不大于 250kW 的三相电站在一定的三相对称负载下,在其中任一相上再加 25% 额定功率的电阻性负载,当该相的总负载电流不超过额定值时,应能正常工作;线电压的最大(或最小)值与三相电压平均值之差不超过三线电压平均值的 ±5%。

1.2.6 启动要求

1. 常温启动

电站在常温(柴油机电站不低于5℃,增压柴油机电站不低于10℃,汽油机电站不低于-10℃)下经3次启动应能成功。

2. 低温启动和带载

电站应有低温启动措施,在环境温度-40℃(或-25℃)时,对功率不大于250kW的柴油机电站应能在30min内顺利启动,汽油机电站应能在20min内顺利启动,均应有在启动成功后3min内带规定负载工作的能力。

1.2.7 污染环境的限值

1. 振动

电站应根据需要设置减振装置,电站运行时振动的单振幅值应不大于0.3mm或0.5mm。

2. 噪声

电站噪声级应符合相关标准规定值,常用的噪声级为85dB(A)、80dB(A)、75dB(A)、70dB(A)。

3. 无线电干扰

对有抑制无线电干扰要求的电站,应有抑制无线电干扰的措施,其干扰值应符合相关国家军用标准规定值。

1.2.8 可靠性与维修性

1. 平均故障间隔时间

电站的可靠性是指在规定的条件下和规定的时间内完成规定功能的能力,可靠性指标主要采用平均故障间隔时间(Mean Time Between Failure,MTBF)表示,即电站的工作时间与在此工作时间内的故障次数之比,军用移动电站的平均故障间隔时间一般不应超过国家军用标准所规定的时间。

作为计算故障次数的状况,主要指操作人员在遵守操作规程的条件下,电站出现下列现象:

(1) 不能启动运行;

(2) 停止运行;

(3) 中断供电;

(4) 工作性能出现不允许的降低;

(5) 因连续运行导致重大损坏非停机不可或引起重大的人身事故非停机不可。

不作为计算故障次数的状况有:

(1) 按使用说明书规定进行正常维护的停机;

(2) 负载特性引起的不允许偏差;

(3) 可由正常的操作进行校正的不允许偏差;

(4) 不影响正常输出电能的事故现象,如控制屏上照明灯熄灭等;

（5）误操作或外因引起的事故现象。

此外，还可使用可信任概率、故障率或失效率来表征可靠性指标。

2. 平均修复时间

电站的维修性是指电站在规定的条件下和规定的时间内，按规定的程序和方法进行维修时，保持或恢复到规定状态的能力，维修性指标主要采用平均修复时间（Mean Time To Repair，MTTR）来表示，即恢复电站工作的平均时间。军用移动电站的平均修复时间一般不应超过国家军用标准所规定的时间。

第2章 柴油发动机

柴油发动机简称柴油机,柴油机是一种将柴油在其燃烧室中燃烧所产生的热能直接转化为机械能的一种动力机械。柴油机以其热效率高、结构紧凑、机动性强、运行维护简便的优点著称于世。现代柴油机广泛应用于交通运输、工程机械、农业机械、移动电站等方面。

2.1 柴油机的基本知识

单缸柴油机总体构造如图2-1所示。圆柱形的活塞装在圆筒形的气缸中,活塞通过活塞销与连杆的小头相连,连杆大头套装在曲轴的曲柄销上,曲轴的轴颈装在曲轴箱的轴承内。活塞、活塞销、连杆及曲轴组成了曲柄连杆机构,曲柄连杆机构将活塞在气缸中的直线运动转化为旋转运动。飞轮装在曲轴的一端,具有较大的转动惯量,可以储存一部分动能,用于减小曲轴转速的波动并能在非做功冲程时帮助活塞往复运动。活塞顶部与气缸套及气缸盖组成的密闭空间,称为气缸。气缸盖上安装有进气管、进气门和排气管、排气门,组成进、排气系统,定时更换新鲜空气和排除燃烧后的废气。气缸盖上还装有进油管和喷油器,定时和定量地向气缸内喷入柴油。

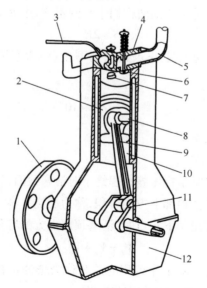

图2-1 单缸柴油机构造简图

1—飞轮;2—活塞;3—进油管;4—气缸盖;5—排气管;6—排气门;7—进气门;8—活塞销;
9—连杆;10—气缸套;11—曲轴;12—曲轴箱。

11

2.1.1 柴油机的基本名词

柴油机的基本名词的定义如图2-2所示。

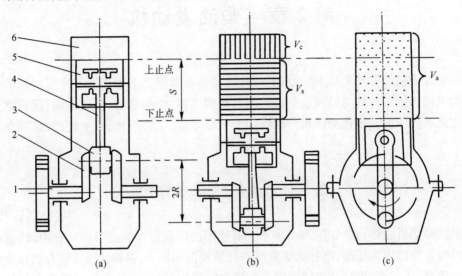

图2-2 柴油机基本名词的定义
1—曲轴;2—曲柄;3—曲柄销;4—连杆;5—活塞;6—气缸。

（1）上止点:活塞运动到离曲轴旋转中心最远的位置。

（2）下止点:活塞运动到离曲轴旋转中心最近的位置。

（3）活塞行程:行程也称为冲程,表示上、下止点之间的距离,用 S 表示,单位为 mm。

（4）曲轴半径:曲轴旋转中心到曲柄销中心的距离,用 R 表示,单位为 mm,即

$$S = 2R \tag{2-1}$$

（5）气缸工作容积:活塞由上止点运动到下止点,活塞顶部所扫过的容积,用 V_s 表示,单位为 L,即

$$V_s = \frac{\pi}{4}D^2 S \times 10^{-6} \tag{2-2}$$

式中　D——气缸直径(mm);

　　　S——活塞行程(mm)。

（6）燃烧室容积:燃烧室是指压缩冲程终了时活塞顶面、气缸壁与气缸盖所包围的空间。活塞位于上止点时,活塞顶部上方的容积,称为燃烧室容积,用 V_c 表示。

（7）气缸总容积:活塞位于下止点时,活塞顶部上方的容积,用 V_a 表示,即

$$V_a = V_s + V_c \tag{2-3}$$

（8）排量:柴油机所有气缸工作容积的总和称为柴油机排量,用 V_L 表示。通常用气缸工作容积 V_s 与柴油机气缸数 i 的乘积计算,即

$$V_L = iV_s = \frac{\pi}{4}iD^2 S \times 10^{-6} \tag{2-4}$$

（9）压缩比:气缸总容积 V_a 与燃烧室容积 V_c 之比,用 ε 表示,即

$$\varepsilon = \frac{V_a}{V_c} = 1 + \frac{V_s}{V_c} \qquad (2-5)$$

从热力学的观点来看,压缩比越大,柴油机的循环热效率越高,柴油机的压缩比范围一般为14～23。

（10）工作循环:柴油机每进行一次能量转换,都要经过进气、压缩、做功、排气四个过程,称为柴油机的一个工作循环。

2.1.2　柴油机的分类

1. 按行程数分类

按行程数可分为四行程柴油机和二行程柴油机。四行程柴油机由四个行程(曲轴旋转两周,活塞在气缸内上下往复运动四个行程)完成一个工作循环;二行程柴油机由两个行程(曲轴旋转一周,活塞在气缸内上下往复运动两个行程)完成一个工作循环。移动电站通常为四行程柴油机。

2. 按气缸数分类

按气缸数不同可分为单缸柴油机和多缸柴油机。有两个以上气缸的柴油机称为多缸柴油机。常见的多缸柴油机有两缸、四缸、六缸、八缸、十缸、十二缸等。

3. 按气缸排列方式分类

按气缸排列方式可分为直列立式柴油机(图2-3a)、直列卧式柴油机[图2-3(b)]、V形柴油机[图2-3(c)]和对置式[图2-3(d)]柴油机等。直列立式柴油机的气缸排成一列,垂直布置。为了降低高度或者利于冷却系统的布置等原因,有些柴油机将气缸布置成水平的,称为直列卧式柴油机。V形柴油机是为了缩短柴油机的长度,将多缸柴油机分为两列,共用一根曲轴,两列气缸中心线相交呈V形,常见的有V形六缸、八缸、十缸、十二缸等。对置式柴油机也可以看成是V形的一种特例,其气缸中心线的夹角为180°。

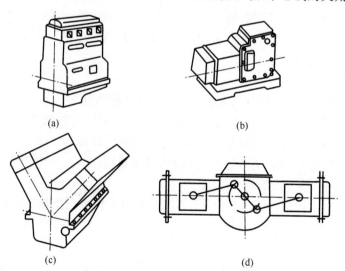

图2-3　气缸排列形式

（a）直列立式;（b）直列卧式;（c）V形;（d）对置式。

13

4. 按冷却方式分类

按冷却方式可分为水冷式柴油机和风冷式柴油机。水冷式柴油机是用水或者其他冷却液作冷却介质,风冷式柴油机是用空气作冷却介质。

5. 按进气是否采用增压分类

按进气是否采用增压方式可分为非增压式柴油机(自然吸气)和增压式柴油机(强制进气)。增压式柴油机在进气系统中装有增压器,非增压式柴油机则不装增压器。

6. 按用途分类

按用途可分为固定工况式柴油机和非固定工况式柴油机。非固定工况式柴油机的特点是工况(转速和功率)变化范围较广,可作为汽车、机车、船舶、工程机械及拖拉机等的动力;固定工况式柴油机的特点是稳定在一定的转速下工作,可作为发电机、水泵、脱粒机等设备的动力。

2.1.3 柴油机的工作原理

四冲程柴油机的工作过程包括进气过程、压缩过程、做功过程和排气过程。

1. 进气过程

进气过程是由进气门开启到进气门关闭为止。为了获得较多的充气量,活塞到达上止点前进气门就开启。当活塞到达上止点时,进气门和进气门座之间已有一定的通道面积。活塞由上止点下行不久,气缸内的压力很快低于大气压力,形成了真空,空气在大气压力作用下经空气滤清器、进气管道、进气门充入气缸。当活塞到达下止点时,空气还具有较大的流动惯性继续向气缸内充气,为了充分利用气体流动的动量,使更多的空气充入气缸,进气门在活塞到达下止点之后才关闭。

在进气门关闭之前,由于气体流动惯性的作用使气缸内的气体压力有所回升,但由于气体流动的节流损失,气缸内的压力仍低于外界大气压力 p_0,进气终点压力 p_a 约为 $(0.8 \sim 0.95)p_0$。充入气缸的空气与燃烧室壁及活塞顶等高温机件的接触,以及与上一循环没有排净而留在气缸内残余废气的混合,使进气温度升高。进气终点温度 T_a 可达 $300 \sim 340K$(K 为热力学温标)。

2. 压缩过程

压缩过程是由进气门关闭到活塞移动到上止点(称为压缩上止点)为止。进气门关闭之后,随着活塞向上移动,气缸内气体被压缩,使气体的压力和温度上升。在压缩过程初期,气缸内的气体温度低于气缸壁的温度,气缸壁向气体传热。随着压缩过程的进行,气体的压力和温度逐步升高,当气体温度高于气缸壁的温度时,气体开始向气缸壁传热。因此压缩过程存在着热交换过程。

柴油机的压缩比较高,因此压缩终了的压力和温度较高。压缩终点的压力 $p_c = 3 \sim 5MPa$,压缩终点温度 $T_c = 750 \sim 950K$。

3. 做功过程

在活塞到达压缩上止点前 $10° \sim 35°CA$($°CA$ 为曲轴转角)时,柴油在高压 $10 \sim 20MPa$ 作用下,由喷油器喷入燃烧室,并与运动着的压缩气体迅速混合,组成了可燃混合气。由于此时压缩气体的温度已超过了柴油的自燃温度(约 $600K$),柴油与空气中的氧在高温作用下,经过化学反应形成第一个火焰中心。火焰从着火点向尚未燃烧的可燃混合气传播,使之迅速燃烧,燃烧室内的压力和温度急剧升高。在活塞运动到上止点之后,气缸内达到最高压力(最大爆发压力)p_z约为 6 ~ 9MPa,最高温度 T_z 约为 1800 ~ 2200K。由于形成的混合气不太均匀,尚有少数柴油没有氧化燃烧,没有氧化燃烧的柴油将在膨胀过程中继续混合燃烧,并在膨胀过程中某点结束。燃烧过程是从柴油喷入燃烧室开始,到燃料燃烧结束为止。因此,燃烧开始和压缩终了是同时进行的。

活塞到达压缩上止点时,随着曲轴的旋转,活塞下移,燃气开始膨胀做功。因此,燃烧过程和膨胀做功过程也是同时进行的。在气缸内达到最大爆发压力时,还有少部分燃料在膨胀过程中边混合边燃烧,这种燃烧现象称为后燃。如果后燃时间较长,说明混合气形成不好,或燃烧组织不佳,或者喷油时刻偏差太大,使之膨胀终点温度偏高,排气温度升高,柴油机过热,热效率下降,经济性变差。

随着燃气膨胀做功过程的进行,气缸内的气体压力和温度下降,在排气门开启时,气缸内的压力 p_b 约为 0.5MPa。到下止点时 p_b 约为 0.3MPa,温度 T_b 约为 1000 ~ 1200K。膨胀做功过程是从活塞上止点开始到排气门开启为止。

4. 排气过程

活塞到达排气下止点时,排气门开启,随着曲轴的旋转,活塞由下止点上移。由于此时的排气门通道面积太小,气缸内的压力仍然较高,就会增加排气过程消耗的负功。所以,排气门在排气下止点前 30° ~ 80℃A 开启,废气开始排出。在排气过程中,气缸内的压力大于外界大气压力和排气管道中的压力。活塞到达排气上止点时,排气门没有关闭,而是在上止点之后 10° ~ 35℃A 关闭。因为活塞到达排气上止点时,废气还存在流动惯性,利用气体流动的惯性将留在燃烧室的残余废气排出一部分。排气上止点压力 p_r 约为0.105 ~ 0.12MPa,排气终点温度 T_r 约为 700 ~ 900K。

2.1.4　柴油机的功率

在柴油机产品的铭牌上和使用说明书中,都明确规定有效使用功率和最大功率及其相应的转速。在铭牌上标注的有效使用功率和相应的转速,称为标定功率和标定转速,统称为标定工况。柴油机功率的标定是根据柴油机的特性、使用特点、寿命和可靠性要求,由制造商标定。目前按国家标准规定,柴油机标定功率总共分为以下四级:

(1) 15min 功率:在标准环境条件下,柴油机连续运行 15min 的最大有效功率。

(2) 1h 功率:在标准环境条件下,柴油机连续运行 1h 的最大有效功率。

(3) 12h 功率:在标准环境条件下,柴油机连续运行 12h 的最大有效功率。

(4) 持续功率:在标准环境条件下,柴油机以标定转速允许长期连续运行的最大有效功率。

上述标准环境条件是指大气压力为 0.1MPa,环境温度为 25℃(陆用柴油机)或 45℃(船用柴油机)。

2.1.5　多缸机工作顺序

一般多缸柴油机的每一气缸对应的活塞连杆组件都连接在同一根曲轴上,每一个气缸的工作过程完全相同,而各个气缸的工作顺序一般是不同的。多缸柴油机各缸发生同名冲程的顺序称为多缸柴油机的工作顺序。

直列四缸四冲程柴油机的工作顺序排列方案多为 1 - 3 - 4 - 2，相继做功的两缸间隔180°曲轴转角。也有的柴油机采用 1 - 2 - 4 - 3 的工作顺序。

直列六缸四冲程柴油机的曲轴排列方案如图 2-4 所示，工作顺序有 1 - 5 - 3 - 6 - 2 - 4 和 1 - 4 - 2 - 6 - 3 - 5 两种，常用的是第一种方案，相继做功的两缸间隔120°曲轴转角。

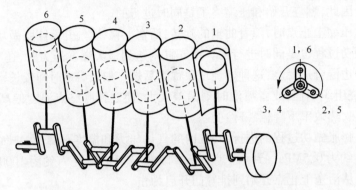

图 2-4 直列六缸四冲程柴油机的曲轴排列方案

V 形八缸四冲程柴油机的工作顺序与曲轴的排列有关，如图 2-5 所示的曲轴排列方案，工作顺序一般为 1 - 8 - 4 - 5 - 7 - 3 - 6 - 2，相继做功的两缸间隔90°曲轴转角。

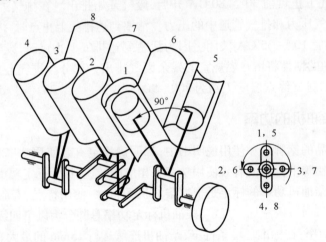

图 2-5 V 形八缸四冲程柴油机的曲轴排列方案(413F 系列柴油机)

2.1.6 常用柴油机型号介绍

GB/T725—2008《内燃机产品名称和型号编制规则》对柴油机的名称和型号作了统一规定。主要内容如下。

2.1.6.1 柴油机型号规则

柴油机型号由阿拉伯数字和汉语拼音字母或国际通用的英文缩略字母组成。依次为下列四部分，表示方法如图 2-6 所示。

1. 第一部分

由制造商代号或系列符号组成。本部分代号由制造商根据需要选择相应 1~3 位字

16

母表示。

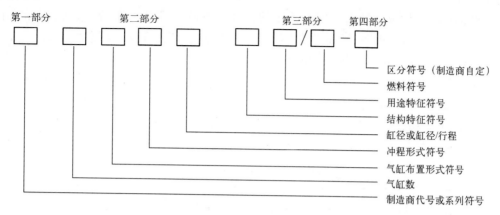

图 2-6　内燃机的型号表示方法

2. 第二部分

由气缸数符号、气缸布置形式符号、冲程形式符号和缸径符号组成。

气缸数用 1～2 位数字表示;气缸布置形式符号参见表 2-1;冲程形式为四冲程时符号省略,二冲程用 E 表示;缸径符号一般用缸径或缸径/行程数字表示,亦可用柴油机排量或功率数表示。其单位由制造商自定。

3. 第三部分

由结构特征、用途特征符号和燃料符号组成,其符号参见表 2-1。允许制造商根据需要选用其他字母,但不得与本标准规定的字母重复。

表 2-1　内燃机型号表示符号含义

气缸布置形式符号		结构特征符号		用途特征符号		燃料符号	
符号	含义	符号	结构特征	符号	用途	符号	燃料名称
无符号	多缸直列及单缸	无符号	冷却液冷却	无符号	通用型及固定动力	无符号	柴油
V	V 形	F	风冷	G	工程机械	P	汽油
P	卧式	Z	增压	Q	汽车	CNG	压缩天然气
H	H 形	ZL	增压中冷	J	铁路机车	LNG	液化天然气
X	X 形	DZ	可倒转	D	发电机组	DME	二甲醇

4. 第四部分

区分符号。同系列产品因改进等原因需要区分时,允许制造商选用适当符号表示。第三部分与第四部分可用"—"分隔。

2.1.6.2　柴油机型号编制举例

R175A—单缸、四冲程、缸径 75mm、冷却液冷却,R 为系列代号,A 为区分符号;

4135D—4 缸、直列、四冲程、缸径 135mm、冷却液冷却、发电用;

6135AZD—1—6 缸、直列、四冲程、缸径 135mm、冷却液冷却、增压、发电用 A 为结构特征符号(有 A 行程为 150mm,无 A 行程为 140mm)、1 为区分符号;

G12V190ZLD—12 缸、V 形、四冲程、缸径 190mm、冷却液冷却、增压中冷、发电用,G

为系列代号。

柴油机的型号应简明,第二部分规定的符号必须表示,但第一部分、第三部分和第四部分符号允许制造商根据具体情况增减,同一产品的型号应一致,不得随意更改。

2.1.6.3 国外引进的柴油机型号

由国外引进的柴油机产品,允许保留原产品型号或在原基础上进行扩展。经国产化的产品宜按本标准的规定编制。

例如,我国引进德国 KHD 公司按生产许可证制造的道依茨(DEUTZ)系列柴油机保留原产品的型号,具体含义参见表 2-2。

表 2-2　道依茨(DEUTZ)柴油机符号含义

符　号	含　义	说　明
B	增压机型	无 B 表示非增压机型
F	高速柴油机	曲轴转速超过 1000r/min,活塞平均速度约为 8.0～12.0m/s
4～12	气缸数	4—共有四个气缸;8—共有 8 个气缸等
L/M	冷却方式	L—风冷机型;M—水冷机型
4/5/9/10	系列号	4—第 4 系列产品;5—第 5 系列产品;9—第 9 系列产品等
13	活塞行程	活塞行程为 13cm
F	加大气缸直径	有 F 表示气缸直径为 125mm;无 F 为 120mm
R	直列机型	无 R 表示 V 形机型
C	增压中冷机型	无 C 表示没有中冷器

例如,BF8L513F 柴油机表示的含义是:增压,高速柴油机,八缸,风冷,第 5 系列,活塞行程为 13cm,气缸直径为 125mm,V 形。

2.1.6.4 几种移动电站用柴油机的技术参数

几种移动电站用柴油机的技术参数见表 2-3。

表 2-3　几种型号柴油机的技术参数

技 术 参 数	6135AZD	6BTAA5.9－G2	BF8L413F	S195
燃料	柴油	柴油	柴油	柴油
冲程数	四冲程	四冲程	四冲程	四冲程
气缸排列方式	直列立式	直列立式	V 形,夹角 90°	卧式
气缸数	6	6	8	1
缸径/mm	135	102	125	95
行程/mm	150	120	130	115
排量/L	12.9	5.9	12.763	0.815
压缩比	14	17.5	16.5	20
标定转速/(r/min)	1500	1500	1500～2500	2000
怠速/(r/min)	500～600	750～850	500～600	600
15min 功率/kW/相应转速/(r/min)			143/1500	

18

技 术 参 数	6135AZD	6BTAA5.9-G2	BF8L413F	S195
1h 功率/kW/相应转速/(r/min)	180/1500	130/1500	136/1500	9.7/2000
12h 功率/kW/相应转速/(r/min)	161.8/1500	120/1500	—	8.82/2000
持续功率/kW/相应转速/(r/min)	145.6/1500	96/1500	129/1500	—
最大扭矩/N·m/相应转速/(r/min)	1040/1200~1300	764/1500	1080/1500	49/1500
气缸工作顺序	1-5-3-6-2-4	1-5-3-6-2-4	1-8-4-5-7-3-6-2	—
曲轴旋转方向（面对飞轮端）	逆时针	逆时针	逆时针	逆时针
冷却方式	水冷	水冷	风冷	水冷
启动方式	24V 电机启动	24V 电机启动	24V 电机启动	手摇启动
增压方式	废气涡轮增压	废气涡轮增压	废气涡轮增压	非增压
增压中冷方式	无	空气中冷器	可选风冷中冷器	—
整机质量/kg	1200	411	950	130
最低燃油消耗率/(g/(kW·h))	227	208	220	251.7
机油消耗率/(g/(kW·h))	2.4	—	2.2	—
供油提前角	26°~29℃A	—	30℃A	—
喷油泵形式	B 型泵	PB 泵	A 型泵	I 号泵
喷油压力/MPa	17.5+0.8	—	17.5+0.8	12
喷油器形式	孔式	—	孔式	轴针式
外形尺寸/mm 长	1750	996	1202	577
外形尺寸/mm 宽	777	771	1168	480
外形尺寸/mm 高	1686	992	1156	620
用途	发电机组	发电机组	发电机组、军用车辆	拖拉机

2.2　柴油机的主要机构

柴油机是一种由多个机构和系统组成的复杂机器。按照功能不同,通常将柴油机划分为曲柄连杆机构、机体和气缸盖、驱动机构、配气机构、燃料系统、润滑系统、冷却系统、起动系统等部分。本节介绍柴油机的主要机构。

2.2.1　曲柄连杆机构

曲柄连杆机构的作用是提供燃烧场所,把燃料燃烧后气体作用在活塞顶上的压力转变为曲轴旋转的转矩,输出动力。做功冲程,将燃料燃烧产生的热能转变为活塞往复直线运动,通过连杆和曲轴转化为旋转运动,将动力输出;在其他冲程(辅助冲程),依靠曲柄和飞轮的转动惯性,通过连杆带动活塞上下运动,为下一次做功创造条件。

曲柄连杆机构由活塞组、连杆组、曲轴飞轮组等组成。

2.2.1.1 活塞组

活塞组由活塞、活塞环及活塞销等零件组成,如图2-7所示。

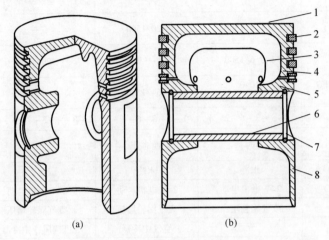

(a)　　　　　(b)

图2-7 活塞组

1—顶部;2—活塞环;3—加强筋;4—头部;5—活塞销座;6—活塞销;7—活塞销卡环;8—活塞裙部。

活塞的作用是与气缸盖、气缸壁等共同组成燃烧室,并承受气缸中气体压力,通过活塞销将作用力传给连杆,以推动曲轴旋转。

安装活塞销的活塞销座,主要起传递气压力的作用。活塞销座通常由加强筋与活塞内壁相连,以加强其刚度。销座孔内有安置弹性卡环的卡环槽。卡环的作用是防止活塞销在工作时发生轴向窜动。

活塞环又分为气环和油环两种。气环的功用是保证活塞与气缸壁之间的密封,防止活塞上部的高压气体漏入曲轴箱,此外气环还起传热的作用。一般需要设置2道或3道气环。高压燃气通过几道气环后,压力显著降低。油环的功用主要是将气缸壁上多余的机油刮下来,流回曲轴箱中,以减少机油的消耗。

活塞销的功用是将活塞与连杆小头活动地连接起来,并将活塞所受的力传给连杆。活塞销的结构一般为中空的圆筒形,内孔是为了减轻重量。

2.2.1.2 连杆组

连杆组由连杆、连杆螺栓和连杆轴承组成,如图2-8所示。

连杆的功用是将活塞的往复运动转变为曲轴的旋转运动,并将活塞承受的力传给曲轴。

连杆由连杆小头、连杆杆身和连杆大头三部分组成。

连杆小头铜套要承受气体压力和活塞组的往复惯性力。连杆大头轴承承受连杆小头传来的惯性力。连杆大头轴承多做成分开式,上、下两片称为轴瓦,轴瓦一般由厚度为1～3mm的钢带与厚度为0.3～0.7mm的减摩合金组成。

连杆螺栓(或称为连杆螺钉)是一个承受交变载荷的重要零件,多采用韧性好的优质合金钢或优质碳素钢锻制。

2.2.1.3 曲轴飞轮组

曲轴飞轮组由曲轴、曲轴轴承、飞轮等组成。

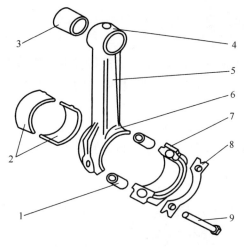

图 2-8　连杆组

1—定位套筒;2—连杆大头轴承;3—连杆小头铜套;4—连杆小头;5—连杆杆身;
6—连杆大头;7—连杆盖;8—防松垫片;9—连杆螺栓。

曲轴的功用是将活塞和连杆传来的气体压力转变为转矩输出,以驱动与其相连的动力装置。此外,它还要驱动柴油机本身的配气机构及各种附件,如风扇、喷油泵等。

曲轴主要由曲轴自由端、曲拐(由主轴颈、曲柄臂和曲柄销组成)、曲轴功率输出端及平衡重组成,如图 2-9 所示。

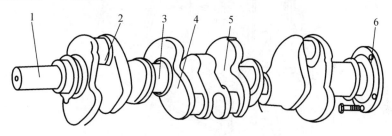

图 2-9　曲轴

1—自由端;2—曲柄销;3—主轴颈;4—曲柄臂;5—平衡重;6—功率输出端。

曲轴主轴承承受来自连杆的离心惯性力和往复惯性力以及来自曲轴的离心惯性力。曲轴主轴承有滑动轴承和滚动轴承两种。滑动轴承多做成分开式,上、下两片称为主轴瓦,结构与连杆轴瓦相同。滚动轴承一般采用滚柱轴承、滚锥轴承、滚珠轴承等。

飞轮的主要功用是储存做功冲程的能量,克服辅助冲程的阻力以保持曲轴旋转的均匀性,使柴油机工作平稳。它要能储存一定量的动能,并在需要时放出。飞轮通常是用铸铁做成尺寸较大而外缘较厚的圆盘。利用电动机启动的柴油机飞轮外圆柱面上镶有的齿圈,便于起动电机驱动曲轴时使用。

飞轮外缘上通常刻有记号或钻有小孔,用于检查、调整配气和供油正时。飞轮上的刻线一般是标明某缸(通常为第一缸)上止点的记号以及供油开始时刻等。有的柴油机在曲轴自由端安装的皮带轮外缘刻有上止点记号。

2.2.2 机体和气缸盖

机体和气缸盖构成柴油机的骨架,是柴油机各机构和各系统的安装基础,其内、外安装着柴油机的所有主要零件和附件。此外,机体内的水套和油道分别是冷却系统和润滑系统的组成部分。

机体主要由气缸体、曲轴箱等组成。为活塞提供运动空间的部分称为气缸体,为曲轴提供运动空间的部分称为曲轴箱,一般柴油机曲轴箱制成上、下两部分,即上曲轴箱和下曲轴箱。

2.2.2.1 机体

按连接方式的不同,机体分为整体式和组合式。为了保证刚度,大多数水冷式多缸柴油机将各个气缸体铸成一个整体,而且气缸体和上曲轴箱一般也不分开铸造,这种形式的机体称为整体式机体,如图2-10所示。

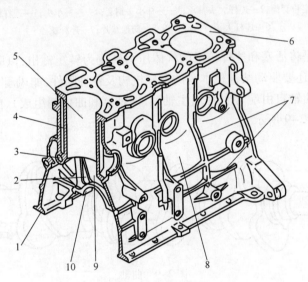

图2-10　整体式机体

1—机体底面;2—横隔板上的加强肋;3—主油道;4—水套;5—气缸;6—机体顶面;
7—侧壁上的加强肋;8—机体侧壁;9—气缸间横隔板;10—主轴承座。

多缸柴油机将各个气缸体分开铸造,或者将气缸体和曲轴箱分开铸造,然后用螺栓连接起来,这种形式的机体称为组合式机体,常在风冷式柴油机中得到应用。

对于风冷式柴油机,气缸体吸收的热量,借助传热系数和散热系数都较低的空气进行散开,热量不易散出。为增加散热面积,在气缸体和气缸盖外表面布置有许多散热片。为了方便加工,气缸体多为单缸铸造,通过螺栓与上曲轴箱相连。

如图2-11所示的单缸铸造气缸体为一种风冷式柴油机(B/F8L413F型柴油机)气缸体。

如图2-12所示的是B/F8L413F型柴油机的曲轴箱体,箱体上部制有夹角为90°的气缸体安装平面,在此平面上布置有气缸体孔。该机采用并列连杆机构,左、右排气缸套孔不在一条中心线上。

22

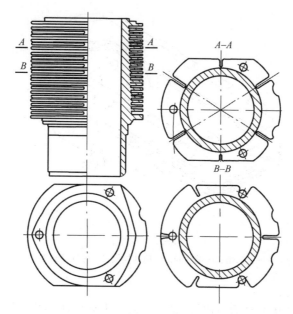

图 2-11 单体式气缸体(B/FL413F 系列柴油机)

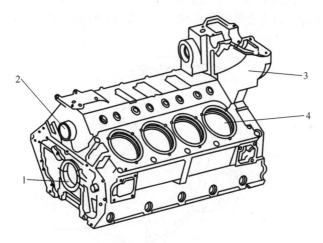

图 2-12 单体式曲轴箱(B/F8L413F 柴油机)

1—主轴承安装孔;2—凸轮轴安装孔;3—齿轮室;4—气缸体安装孔。

2.2.2.2 气缸套

在气缸体内,用来引导活塞作往复运动的圆筒形空间称为气缸。气缸的内壁称为气缸壁,有些柴油机直接在气缸体上加工出气缸,称为整体式气缸。风冷式柴油机常采用整体式气缸的形式,如图 2-11 所示。

为了提高气缸壁的耐磨性和使用寿命,有的柴油机单独加工一个圆筒形零件,称为气缸套,然后将气缸套装入气缸体内。

2.2.2.3 油底壳

下曲轴箱通常称为油底壳(图 2-13),用于封闭整个曲轴箱以防止异物进入曲轴箱,收集和储存润滑油,并担负润滑油的沉淀和部分冷却作用。油底壳多用铸铁、铝合金等铸造。

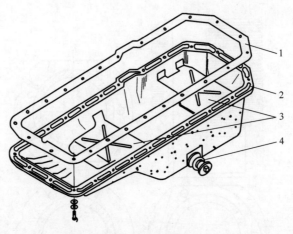

图 2-13　油底壳

1—密封垫;2—油底壳;3—稳油挡板;4—磁性放油螺塞。

2.2.2.4　飞轮壳

飞轮壳位于柴油机的动力输出端,是柴油机动力输出端外接元件的中间支撑,通常还可以安装启动电机、飞轮刻度指针、转速传感器、柴油机后支腿等。飞轮壳的材料通常与机体相同,由灰口铸铁、铝合金等铸造而成。如图 2-14 所示为 B/F8L413F 柴油机的一种比较典型的标准飞轮壳结构。

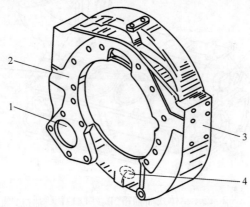

图 2-14　飞轮壳(B/F8L413F 柴油机)

1—启动电机安装孔;2—与曲轴箱体的接合平面;3—支腿安装平面;4—离合器磨屑排除孔。

2.2.2.5　气缸盖

气缸盖装于气缸体上部,是柴油机的重要零件之一。用于密封气缸的顶部,并与气缸壁和活塞顶部一起构成燃烧室。气缸盖结构复杂,内部有进、排气道,润滑油道,冷却水套,进、排气门座孔,气门导管孔,喷油器孔、摇臂轴安装孔(或凸轮轴轴承孔)等。气缸盖上装有喷油器,进、排气门和进、排气管,摇臂轴总成(或凸轮轴)等。

2.2.2.6　气缸垫

气缸垫是气缸盖和气缸体接合面的密封件,其作用是补偿接合面的不平处,保证气缸盖与气缸体接触面的密封,防止漏气、漏油、漏冷却液。

常见的气缸垫采用金属和石棉制成,外轮廓尺寸与气缸盖的底面相同,中间为石棉

（石棉常掺入铜屑或钢丝，以加强导热），外面包覆有铜皮或钢皮等金属，厚度为 1 ~ 2mm。在需要耐高温、耐冲击的气缸孔周围，一般用铜皮或钢皮卷边以增加强度，有的还在卷边内镶嵌钢丝环。在水套孔和润滑油道孔周围，采用铜皮卷边以耐腐蚀。

2.2.2.7　气缸盖罩

气缸盖罩安装于气缸盖上，作用是密封气缸盖上的摇臂、气门等零件，使得灰尘不能进入，润滑油不能漏出。

对于一般单体式气缸盖，每个气缸盖上有一个气缸盖罩（图 2-15），整体式气缸盖共用一个气缸盖罩，分块式气缸盖则对应多个气缸盖罩（图 2-16）。

图 2-15　一个气缸盖罩（B/FL413F 系列柴油机）　　图 2-16　多个气缸盖罩（135 系列柴油机）

一般气缸盖罩受力不大，通常用薄钢板、塑料制成。通过螺栓紧固在气缸盖上时，注意不要使用过大的预紧力，以免气缸盖罩损坏。

2.2.3　驱动机构

驱动机构的功用是将曲轴的部分动力传给配气机构、燃料系统、润滑系统、冷却系统的配套机件，使它们和曲轴以一定的转速比与相位角关系联动起来，保证柴油机及其配套机件正常工作。

4135AD 型柴油机驱动机构参如图 2-17 所示，它集中布置在机体后端的齿轮室中，由曲轴正时齿轮驱动。驱动机构的主要元件是斜齿圆柱齿轮。各正时齿轮上刻有正时记号，安装时应使各正时齿轮之间的记号按要求对准，以保证配气正时和供油正时的准确。

B/F8L413F 型柴油机驱动机构如图 2-18 所示。曲轴正时齿轮直接与曲轴制成一体，布置在功率输出端；配气机构凸轮轴正时齿轮和喷油泵正时齿轮布置在柴油机飞轮端。曲轴正时齿轮直接驱动配气机构凸轮轴正时齿轮；凸轮轴正时齿轮驱动喷油泵正时齿轮，实现喷油泵驱动。

圆柱齿轮式驱动方式采用圆柱齿轮作为主要驱动元件，具有工作可靠、传动准确、承载能力强、寿命长、结构简单等优点。

2.2.4　配气机构

配气机构是进气和排气的控制机构，其作用是按照柴油机每一气缸的工作循环和工作顺序的要求，适时地开启和关闭各气缸的进气门、排气门，使新鲜空气及时地进入气缸，并及时地排出废气。

配气机构包括气门组、气门传动组以及进排气管路等。

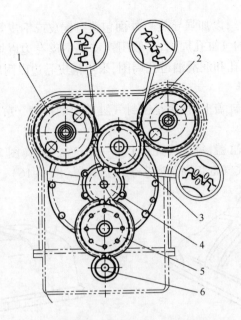

图 2-17　圆柱齿轮驱动方式(4135AD 柴油机)

1—凸轮轴正时齿轮;2—喷油泵正时齿轮;3—中间正时齿轮;4—曲轴正时齿轮;

5—中间齿轮;6—机油泵驱动齿轮。

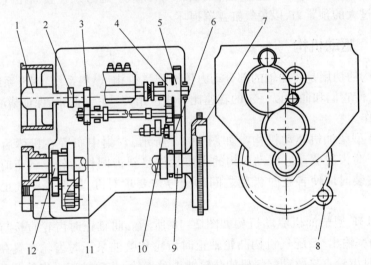

图 2-18　B/FL413F 系列柴油机的驱动方式

1—风扇;2—胶辊联轴器;3—风扇传动齿轮箱被动齿轮;4—风扇传动主动齿轮;5—喷油泵传动齿轮;

6—凸轮轴正时齿轮;7—飞轮齿圈;8—启动电机齿轮;9—曲轴正时齿轮;10—风扇传动被动齿轮;

11—风扇传动齿轮箱主动齿轮;12—曲轴自由端机油泵驱动齿轮。

2.2.4.1　气门组

气门组包括气门、气门座、气门导管和气门弹簧等,如图 2-19 所示。

1. 气门

气门布置在气缸盖上,用来控制进、排气道的开启和关闭,按功用可分为进气门和排气门。一般每个气缸采用两个气门,即一个进气门和一个排气门。为了改善换气,一些新

26

型柴油机上采用了每缸多于两个气门的结构,如每缸三气门(两个进气门、一个排气门)、四气门(两个进气门、两个排气门)、五气门(三个进气门、两个排气门)等。

气门与气门座通过锥面配合密封,气门锥面与气门座需要配对研磨,以保证良好的密封性,同时传递约75%的热量。气门与气门座的接触面宽度一般为1~2mm。

气门锥面与气门顶面之间的夹角称为气门锥角,进、排气门的气门锥角一般均为45°[图2-20(a)]。在气门开度相同的条件下,较小的气门锥角能使气流的流通断面增大,因此少数强化程度高的柴油机的进气门锥角采用30°[图2-20(b)]。气门头部边缘应保持一定厚度,一般为1~3mm,以保证其刚度和强度。

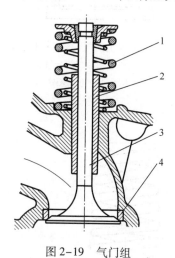

图2-19 气门组
1—气门弹簧;2—气门导管;3—气门;4—气门座。

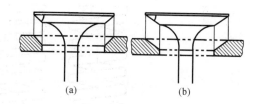

(a)   (b)

图2-20 气门锥角
(a) 45°锥角;(b) 30°锥角。

气门尾部的形状与气门弹簧座的固定方式有关。图2-21(a)中制有环形槽或锥形槽,槽内安装两半锥形气门锁夹来固定气门弹簧座。如图2-21(b)所示,气门杆尾端制有螺纹孔,用于旋入圆盘形平面顶板(气门调整盘)。

2. 气门座

气缸盖的进、排气道与气门锥面相贴合的部位称为气门座。气门座与气门头部密封锥面相配合以密封气缸,气门头部的热量也经过气门座导出。

气门座可以在气缸盖上直接镗出。铝气缸盖和大多数铸铁气缸盖装入由合金铸铁或奥氏体钢单独制成的座圈,称气门座圈,如图2-22所示。

3. 气门导管

气门导管主要起导向作用,保证气门作直线往复运动,使气门与气门座正确配合;另外还可以将气门头部传给杆身的热量通过气缸盖传出去,如图2-22所示。

4. 气门弹簧

气门弹簧的功用是保证气门在关闭时能压紧在气门座上,而在气门开启时使传动件保持接触;保证气门不因运动时产生的惯性力而脱离凸轮,避免产生冲击和噪声。

气门弹簧多为等螺距圆柱形螺旋弹簧[图2-23(a)]。有些柴油机采用变螺距圆柱弹簧[图2-23(b)]。这种弹簧在工作时,螺距小的一端逐渐叠合,有效圈数逐渐减小,固有振动频率逐渐提高,从而防止产生共振。

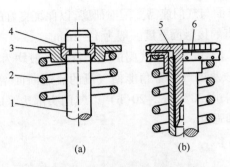

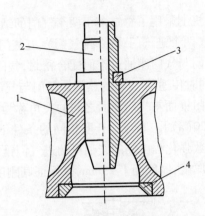

图 2-21　气门弹簧座的固定方式

（a）环形槽式；（b）螺纹孔式。

1—气门杆；2—气门弹簧；3—气门弹簧座；

4—气门锁夹；5—气门调整盘；6—齿锁。

图 2-22　气缸盖上的气门座圈和气门导管

1—气缸盖；2—气门导管；

3—卡环；4—气门座圈。

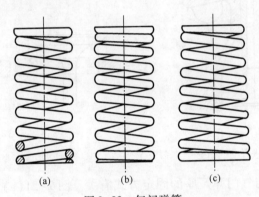

图 2-23　气门弹簧

（a）等螺距弹簧；（b）不等螺距弹簧；（c）锥形弹簧。

有些柴油机采用锥形气门弹簧[图 2-23（c）]，其刚度和固有振动频率沿弹簧轴线方向是变化的，可以消除共振。安装锥形气门弹簧时，应该使弹簧大端朝向不动的气缸盖顶面。

许多柴油机使用直径不同并且旋向相反的两根弹簧，它们同心安装在气门导管的外面。由于两个弹簧的固有频率不同，当一个弹簧发生共振时，另一个弹簧能起到阻尼减振作用。

2.2.4.2　气门传动组

气门传动组主要由凸轮轴、挺柱、推杆、摇臂及摇臂轴等零件组成。

1. 凸轮轴

凸轮轴的主要功用是将曲轴的部分动力传给气门传动组的其他零件，并能按一定的工作次序、时间和运动规律控制进、排气门的开启和关闭。

凸轮轴主要由凸轮和轴颈组成，如图 2-24 所示。

凸轮用于开关气门。凸轮的轮廓曲线不仅影响气门的开启关闭时间，而且对气门的最大开度和整个配气机构的运动规律也有很大关系，对配气相位起决定性作用。

28

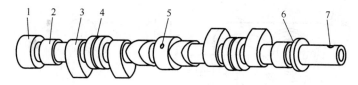

图 2-24　凸轮轴

1—轴颈;2—排气凸轮;3—进气凸轮;4—轴颈油槽;5—轴颈出油孔;
6—轴向定位用凸肩;7—半圆键槽。

凸轮轴的轴承多采用整体式巴氏合金与钢的双金属薄壁衬套、粉末冶金衬套及青铜衬套。轴承压装于机体的凸轮轴轴承座孔内,凸轮轴需要从机体的一端装入。

2. 挺柱和推杆

挺柱的功用是将凸轮的推力传给推杆或气门,承受凸轮旋转时传来的侧向力。

推杆用于气门顶置、凸轮轴下置的配气机构中,用来将挺柱传来的推力传给摇臂。推杆的结构如图 2-25 所示,一般采用空心钢管制成,以减轻重量。推杆两端焊有不同形状的钢质端头。推杆是配气机构中最容易弯曲的零件。

3. 摇臂及摇臂轴

摇臂是推杆与气门之间的传动件,用来将推杆传递来的力改变方向,作用在气门尾端以推开气门,如图 2-26 所示。摇臂的两臂长度不等,长臂用以压开气门。短臂装有气门间隙调整螺钉及锁紧螺母,用来调整气门间隙。摇臂中部孔中装有青铜衬套、粉末冶金衬套或滚针轴承。

摇臂通过摇臂轴支承在摇臂支座上,摇臂支座支承在气缸盖上。摇臂轴多为空心管状,中间空腔形成油道。一般摇臂内有油道,与摇臂轴中心相通。压力润滑油由气缸体经支座充满摇臂轴中心,润滑摇臂摩擦面并从摇臂油孔流出,润滑挺杆及气门杆端等零件。

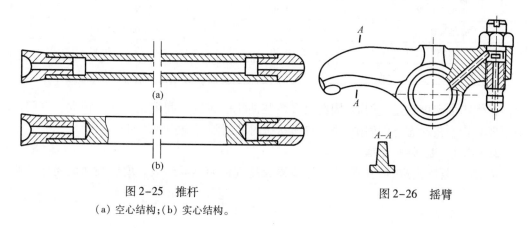

图 2-25　推杆
(a)空心结构;(b)实心结构。

图 2-26　摇臂

2.2.4.3　气门间隙

气门处于关闭状态时,气门杆尾端与气门传动件(摇臂、挺柱或凸轮)之间的间隙称为气门间隙。如图 2-27(a)所示为配气机构凸轮的基圆部分与挺柱接触时摇臂与气门尾端的间隙;如图 2-27(b)所示为配气机构凸轮的基圆部分与气门尾端的间隙。

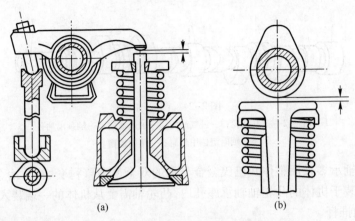

图 2-27 气门间隙
(a) 凸轮轴下置;(b) 凸轮轴顶置。

柴油机工作时,气门及其传动件(如挺柱、推杆等)都将因为受热膨胀而伸长,如果在冷态时气门与其传动件之间不预留间隙,热态下气门的运动规律就会改变。例如使气门关闭不严,造成气缸漏气,从而使柴油机功率下降,启动困难,甚至不能正常工作。因此在气门与其传动件之间需预留适当的间隙。

气门间隙既不能过大,也不能过小。由于不同柴油机的构造及温度状况不同,因此不同柴油机气门间隙的数值也不相同,最佳的气门间隙是根据试验确定的。几种常用柴油机的气门间隙如表 2-4 所列。

表 2-4　几种柴油机的气门间隙

型号 \ 项目	气门间隙/mm	
	进气门	排气门
4135AD	0.25 ~ 0.30	0.30 ~ 0.35
6135AZD	0.30 ~ 0.35	0.35 ~ 0.40
X4105	0.25 ~ 0.30	0.25 ~ 0.30
B/F8L413F	0.20	0.30

排气门的温度比进气门高,因此大多数柴油机的排气门间隙比进气门稍大。气门间隙一般是指冷机状态下的间隙,采用热机状态时的间隙时应特别注明。

2.2.4.4　进、排气管路

进、排气管路由进、排气管,空气滤清器及排气消声器等组成。增压柴油机还包括增压器。

1. 进、排气管

进、排气管是向柴油机工作气缸供应新鲜的气体和排除燃烧废气的通道。对进、排气管总的要求是管道应尽可能光滑,以减少排气阻力,增加气缸的进气量。

进、排气管一般由铸铁制成,进气管也有用铝合金铸成或薄钢板冲压后焊接而成的。进、排气管都用螺栓固定在气缸盖或气缸体上,其接合面处均垫有石棉板垫,以防止漏气。为防止排气管温度过高而导致其固定螺栓氧化、腐蚀,有的将其固定螺栓镀铜处理。

2. 空气滤清器

空气滤清器的功用是清除空气中的灰尘和杂质,使进入气缸内的为清洁的空气,减少气缸壁与活塞之间、活塞组之间、气门组之间的磨损,延长柴油机的寿命。

复合过滤式滤清器(图2-28)主要由外壳和滤芯两部分组成,外壳为薄铁制成,滤芯用金属丝。空气从进气口切向进入滤清器内,由于空气沿外壳内作高速旋转,使空气得到预先过滤,然后沿着外壳内层的内壁与滤芯之间垂直向下抵达润滑油池油面,完成油浴滤清,之后再流过滤芯,使空气得到进一步滤清。

干过滤式滤清器(图2-29)采用新型纸质滤芯,它由外壳和纸质滤芯组成。空气进入外壳后,经过微孔滤纸的滤芯,使灰尘被阻挡在滤芯的外面,清洁的空气被吸入气缸。干过滤式滤清器具有空气流通阻力小,重量轻,使用和维护比较方便等优点。

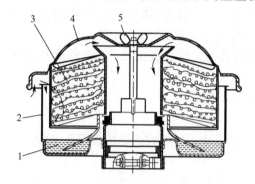

图 2-28　复合过滤式空气滤清器
1—机油;2—滤清器外壳;3—滤芯;
4—滤清器盖;5—碟形螺母。

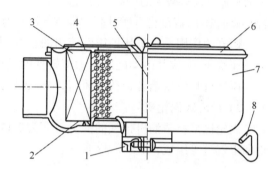

图 2-29　干过滤式空气滤清器
1—接管;2—密封圈;3—纸质滤芯;4—密封圈;
5—拉紧螺杆;6—滤清器盖;7—外壳;8—紧固手柄。

3. 排气消声器

当排气门刚打开时,排气压力仍然较高,具有较高的能量,会产生排气噪声。在排气管出口处装有消声器,就是采用各种方法消耗声能,降低噪声,并消除废气中的火焰及火星。排气消声器的基本工作原理是消除废气的能量,平衡排出废气气流的压力波动。排气消声器的结构如图2-30所示。

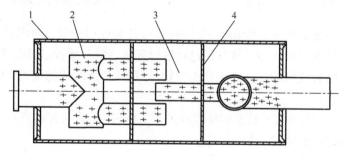

图 2-30　排气消声器
1—外壳;2—多孔管;3—膨胀腔;4—隔板。

各种排气消声器的基本结构相同,一般用薄钢板冲压成型后焊接而成,由外壳、内管和隔板等组成。内管上有许多狭缝,并装有收缩截面管。内管和外壳之间被隔成若干个尺寸不同的滤音室。

4. 废气涡轮增压器

利用柴油机排出的废气作为动力驱动废气涡轮增压器的方式,称为废气涡轮增压方式。由于利用了废气的能量,因此废气涡轮增压方式的经济性好,并可大幅度地降低有害气体的排放和噪声水平。

废气涡轮增压器由离心式压气机、径流式涡轮机和中间体三部分组成。

1) 离心式压气机

离心式压气机由进气道、压气机叶轮、无叶式扩压管及压气机蜗壳等组成。叶轮包括叶片和轮毂,并由增压器轴带动旋转,如图 2-31 所示。

当压气机旋转时,空气经进气道进入压气机叶轮,并在离心力的作用下沿着压气机叶片之间形成的流道,从叶轮中心流向叶轮的周边。空气通过旋转的叶轮获得能量,使其流速、压力和温度均有较大的增高,然后进入叶片式扩压管。扩压管为渐扩形流道,空气流过扩压管时减速增压,温度也有所升高。即空气所具有的大部分动能在扩压管中转变为压力能。

蜗壳的作用是收集从扩压管流出的空气,并将其引向压气机出口。空气在蜗壳中继续减速增压,完成其由动能向压力能转变的过程。

压气机叶轮由铝合金精密铸造,蜗壳也用铝合金铸造。

2) 径流式涡轮机

涡轮机是将柴油机排气的能量转变为机械功的装置。径流式涡轮机由蜗壳、喷管、叶轮和出气道等组成,如图 2-32 所示。

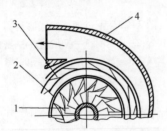

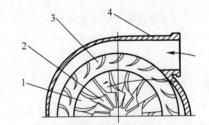

图 2-31　离心式压气机
1—压气机叶片;2—压气机叶轮;
3—叶片式扩压管;4—压气机蜗壳。

图 2-32　径流式涡轮机
1—涡轮机叶轮;2—涡轮机叶片;
3—叶片式喷管;4—涡轮机蜗壳。

蜗壳的进口与柴油机排气管相连,柴油机排气经蜗壳引导进入叶片式喷管。喷管是由相邻叶片构成的渐缩形流道。排气流过喷管时降压、降温、增速、膨胀,使排气的压力能转变为动能。由喷管流出的高速气流冲击叶轮,并在叶片所形成的流道中继续膨胀做功,推动叶轮旋转。

涡轮机叶轮经常在 600℃ 高温的排气冲击下工作,并承受巨大的离心力作用,所以采用镍基耐热合金钢或陶瓷材料制造。

喷管叶片用耐热和抗腐蚀的合金钢铸造或机械加工成型。

蜗壳用耐热合金铸铁铸造,内表面应该光洁,以减少气体流动损失。

3) 转子

涡轮机叶轮、压气机叶轮和密封套等零件安装在增压器轴上,构成涡轮增压器转子。转子以很高的转速旋转(30000 ~ 250000r/min),因此转子的平衡是非常重要的。

增压器轴在工作中承受弯曲和扭转交变应力,一般用韧性好、强度高的合金钢40Cr或18CrNiWA制造。

4）增压器轴承

涡轮增压器普遍采用浮动轴承,如图2-33所示。浮动轴承实际上是套在轴上的浮动圆环。圆环与轴以及圆环与轴承座之间都有间隙,形成双层油膜。圆环浮在轴与轴承座之间。轴承壁厚3~4.5mm,用锡铅青铜合金制造,轴承表面镀有一层厚度为0.005~0.008mm的铅锡合金或金属铟。在增压器工作时,轴承本身也在轴与轴承座中间转动。

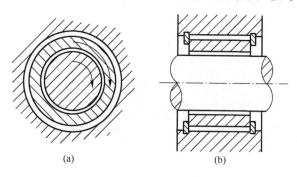

(a)   (b)

图2-33　浮动轴承原理图
（a）正视图;（b）侧视图。

双层油膜可以起双层冷却和产生双层减振作用,还可以起双层阻尼作用,而且可以降低轴与轴承的相对速度,有利于减小油膜的漩涡和油层间的切线速度。

2.3　柴油机的主要系统

2.3.1　柴油机燃料系统

柴油机燃料系统的功用是根据柴油机的工作要求,定时、定量、定压地将雾化质量良好的柴油按一定的喷油规律喷入气缸内,并使其与空气迅速而良好地混合和燃烧。

2.3.1.1　柴油的选用

根据GB19147—2009,柴油按凝点分为5、0、-10、-20、-35、-50共六个牌号。牌号越高凝点越高,选用柴油时,应根据最低环境温度选择。例如:0号柴油适用于风险率为10%的最低气温在4℃以上的地区使用;-10号柴油适用于风险率为10%的最低气温在-5℃以上的地区使用;-20号柴油适用于风险率为10%的最低气温在-14℃以上的地区使用。

2.3.1.2　柴油机燃料系统的组成

柴油机燃料系统分为机械控制柴油喷射系统和电子控制柴油喷射系统。机械控制柴油喷射系统是传统的常用结构,目前在工程机械、载重柴油汽车、发电机组等领域仍在大量使用。

柴油机燃料系统的典型结构如图2-34和图2-35所示,包括柴油箱、柴油滤清器、输油泵、喷油泵、喷油器、调速器、燃烧室等,车用柴油机一般安装有供油提前角自动调节器。

为了方便实现自动控制,有些柴油机上设置了油门控制电机、电磁阀等如图 2-34 所示。为了实现低温起动,有些柴油机设置了预热装置(图 2-35),主要包括预热供油电磁阀和火焰加热器,其中预热供油电磁阀通电后可以将柴油箱至火焰加热器的油路接通,柴油可以从火焰加热器喷入进气管中,通电的火焰加热器使得柴油着火燃烧。预热时间指示灯通过与预热时间电阻的配合可以给操作人员提供加热时间提示。

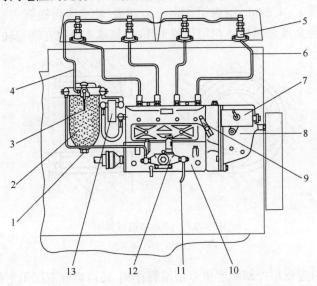

图 2-34 柴油机燃料系(4135AD 柴油机)

1—螺塞;2—柴油滤清器;3—回油接管(流回油箱);4—回油管;5—喷油器;6—高压油管;7—油门控制电机;
8—调速器;9—停机手柄;10—喷油泵;11—进油接口(来自油箱);12—输油泵;13—停油电磁阀。

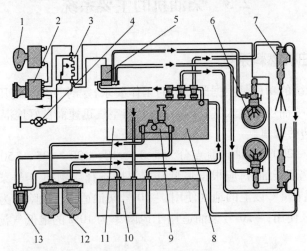

图 2-35 柴油机燃料系(BFL413F 系列柴油机)

1—总电源开关;2—起动开关(带低温预热开关);3—预热时间电阻;4—预热时间指示灯;5—预热供油电磁阀;
6—火焰加热器;7—喷油器;8—喷油泵;9—输油泵;10—柴油箱;11—调速器;12—柴油精滤器;13—柴油粗滤器。

从柴油箱到喷油泵这段油路(柴油箱、柴油滤清器、输油泵以及其间的连接油管)中的油压是由输油泵建立的,其输油压力较低(一般为 0.15～0.3MPa),故这段油路称为低压油路。从喷油泵到喷油器这段油路(喷油泵、喷油器以及连接它们的高压油管)中的油压是由喷油泵建立的,其喷油压力较高(一般大于 10MPa),故这段油路称为高压油路。机械式离心式调速器与供油提前器构成为调节系统,通常与喷油泵装在一起。

柴油机工作时,输油泵将柴油从柴油箱内吸出,经过柴油滤清器滤去杂质后,再压送到喷油泵,喷油泵将油压提高后送至各喷油器,而后由喷油器将柴油喷入燃烧室。在喷油器、柴油滤清器与油箱之间装有回油管,使喷油器渗漏及输油泵多供给滤清器的柴油流回柴油箱。

为便于排除油路中的空气,柴油机燃料系统装有手动输油泵。通常手动输油泵与输油泵装在同一壳体上。

2.3.1.3 输油泵

输油泵的功用是使低压油路中柴油能正常流动,并维持一定的供油压力以克服管路及柴油滤清器和管道中的阻力,保证以一定的压力和足够量的柴油自柴油箱输送到喷油泵。输油泵的输油量一般为柴油机全负荷需要量的 3~4 倍。

柴油机常用的输油泵有活塞式、滑片式、膜片式等多种形式。

活塞式输油泵多用于中小功率柴油机。活塞式输油泵主要由活塞、推杆、进油阀、出油阀和手油泵等组成。用于推动活塞运动的偏心轮通常设在柱塞式喷油泵的凸轮轴上,因此输油泵常和柱塞式喷油泵组装在一起。

2.3.1.4 柴油滤清器

柴油滤清器的功用是滤除柴油中的杂质。对滤清器的基本要求是阻力小,寿命长,过滤效率高。柴油滤清器的滤芯采用的材料有金属网、毛毡、棉纱和滤纸等。

粗滤器一般采用金属网、毛毡等滤芯。如图 2-36 所示为 B/FL413F 系列柴油机使用的一种柴油粗滤器,其滤芯为金属网,滤芯在弹簧的作用下向上贴合到滤清器支架的端面上。

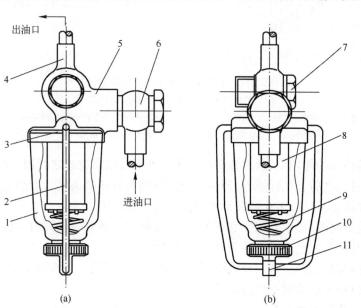

图 2-36　柴油粗滤器(B/FL413F 系列柴油机)

(a)正视图;(b)侧视图。

1—外壳;2—卡环;3—密封垫;4—出油管;5—支架;6—进油管;7—空心螺栓;8—滤芯;9—弹簧;10—螺母;11—叉形螺栓。

粗滤器外壳一般用玻璃或铝制成,外壳在紧固螺母的作用下向上与支架接合面贴合。叉形螺栓下部卡在卡环上,使其不能转动。螺母旋在叉形螺栓上,松开螺母时,卡环可绕其上支点转动。这种滤清器要求每工作100h进行一次清洗。

细滤器较多采用纸质滤芯,滤芯表面能过滤粒度为 1~3μm 的杂质。若在纸面上刷一层清漆,滤清效果更好。现有纸质滤芯的使用寿命约为400h。纸质滤芯具有质量轻、体积小、成本低、滤清效果好等优点。纸质滤芯柴油滤清器的典型结构如图 2-37 所示,由外壳、滤芯及盖子等组成。外壳制成杯形,底部有放油螺塞。盖子上装有进油管接头、出油管接头、限压阀及放气螺塞。

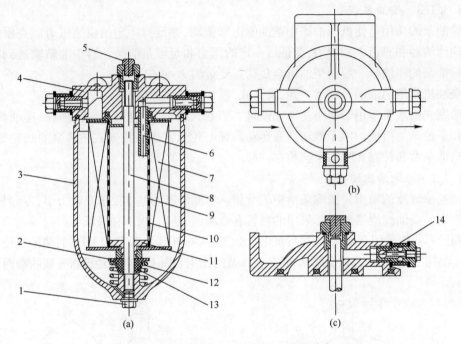

图 2-37　柴油滤清器(4135AD 柴油机)

(a) 主视图;(b) 俯视图;(c) 盖子侧视图。

1—放油螺塞;2—弹簧座;3—外壳;4—盖子;5—放气螺钉;6—集油管;7—纸质滤芯;8—中心螺杆;
9—绸布袋;10—滤油筒;11—底盘;12—弹簧;13—密封垫圈;14—限压阀。

柴油在输油泵的作用下,从进油管接头进入外壳与纸质滤芯之间的空隙,然后渗入滤芯,经过滤芯过滤之后,清洁的柴油便通过出油管接头流往喷油泵。当滤清器内的油压超过 78kPa 时,限压阀打开,多余的柴油经回油管流回柴油箱。

限压阀为单向阀,位于专用空心螺栓内,安装时应注意有限压阀的空心螺栓切不可与其他空心螺栓混用,以免造成柴油管路阻塞等故障。

当柴油滤清器内有空气时,可以松开放气螺塞进行排气。当柴油滤清器内有水等其他杂质时,可以松开放油螺塞进行清理。

2.3.1.5　柱塞式喷油泵

喷油泵的功用是根据柴油机的工作要求,在规定的时刻将定量的柴油以一定的高压送往喷油器。它是柴油机燃料系统中最重要的部件,其供油情况对柴油机的性能影响很大。

喷油泵的结构型式很多,包括柱塞式喷油泵、分配式喷油泵。目前电站用柴油机应用较广的是柱塞式喷油泵。

1. 柱塞式喷油泵系列

喷油泵制造厂都是以几种不同的柱塞行程作为基础,将喷油泵划分成为数不多的几个系列或型号,然后再配以不同尺寸的柱塞偶件,构成若干种循环供油量不等的喷油泵,以满足各种不同功率柴油机的需要。

过去已经定型的 A、B、Z 型系列喷油泵的基本结构相同,均为直列柱塞式喷油泵的传统结构。其共同特点是:喷油泵泵体为整体式,结构强度和刚度大。柱塞上方的回油结构为直槽。油量控制机构采用齿杆式结构。挺柱采用调节螺钉式结构。而 P 型喷油泵采用不开侧窗口的箱式封闭泵体,使喷油泵结构得到强化。

2. 典型柱塞式喷油泵构造

1)B 型喷油泵

如图 2-38 所示为 4135AD 型柴油机 B 喷油泵构造图。它由四组分泵、油量控制机构、传动机构和泵体组成。

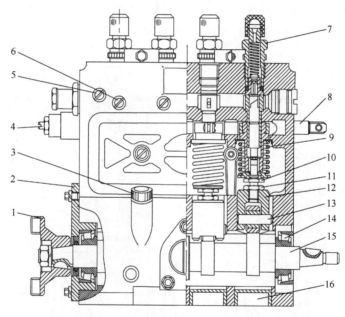

图 2-38　B 型喷油泵(4135AD 柴油机)

1—联轴器;2—轴承盖;3—量油尺;4—最大油量限制螺钉;5—放气螺钉;6—定位螺钉;7—出油阀紧座;8—齿杆;
9—柱塞弹簧;10—调整螺钉;11—固定螺母;12—挺柱;13—滚轮销;14—轴承;15—喷油泵凸轮轴;16—底塞。

(1)泵体。为提高喷油泵刚度,B 型泵采用整体式结构。4135AD 柴油机 B 型泵上装有四组柱塞偶件、出油阀偶件及齿杆式油量控制机构。泵体的一侧开有窗口,用于检查各分泵的工作情况及调整供油量、喷油时间等。窗口平时用盖板封闭。

泵体中的长形油室与各柱塞套上的油孔相通,柴油从泵体前端的进油管接头进入油室。另外,泵体上还有两个供油室排除空气的放气螺钉。

(2)泵油机构。在柱塞上部的圆柱面上铣有向下右旋螺旋斜槽及回油槽。中部有一小环槽,可储存少量柴油用以润滑柱塞与柱塞套的摩擦表面。

柱塞套筒上有两个同一高度的小孔,铣有纵向直槽的为回油孔,另一端为进油孔。直槽又称为定位槽,拧到泵体上的定位螺钉深入直槽中,防止柱塞套筒在工作时发生转动。

柱塞套筒上部为出油阀偶件和出油阀紧座。出油阀紧座通过垫圈将出油阀压紧在柱塞套筒上。

(3)油量控制机构。喷油泵采用齿杆式油量控制机构。齿杆采用刚性支头,利用调节螺钉限制喷油泵的最大供油量。

(4)传动机构。泵体的下部装有凸轮轴,轴的两端分别由一个7025号圆锥滚柱轴承支承。轴承的两端垫有调节垫片,使凸轮轴的轴向间隙保持在0.10～0.30mm。

凸轮轴由正时齿轮通过联轴器带动。凸轮轴两端支承在两个滚动轴承中。轴上有四个泵油凸轮和一个偏心轮。泵油凸轮是按1-3-4-2的工作次序并间隔90°排列的。偏心轮用于驱动输油泵(有的B型泵利用一个泵油凸轮驱动输油泵)。凸轮轴一端装有联轴器,另一端装有调速齿轮。

在四个凸轮上方泵体中,装有四个带滚轮的圆柱形滚轮体,为调节螺钉式结构。

2)P型喷油泵

P型喷油泵的工作原理与B型喷油泵基本相同,但在结构上却脱离了柱塞式喷油泵的传统结构,具有一些明显的特点,如图2-39所示。

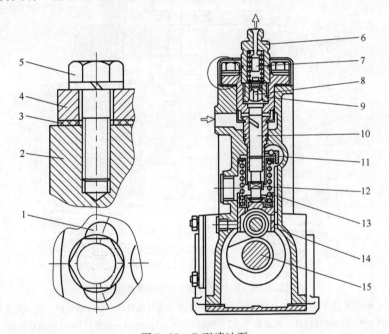

图2-39　P型喷油泵

1—螺栓孔;2—喷油泵体;3—调节垫片;4—柱塞套;5—柱塞套紧固螺栓;6—出油阀紧座;7—减容器;8—出油阀;
9—出油阀座;10—柱塞;11—调节拉杆;12—柱塞榫舌;13—柱塞弹簧;14—挺柱;15—凸轮轴。

(1)泵体。P型喷油泵采用不开侧窗口的箱形封闭式喷油泵体,大大提高了喷油泵体的刚度,可以承受较高的喷油压力而不发生变形,以适应柴油机不断向大功率、高转速强化的需要。

(2)泵油机构。喷油泵柱塞和出油阀偶件都装在连接凸缘的柱塞套内,当拧紧柱塞套顶部的出油阀紧座之后,构成一个独立的组件。然后用柱塞套紧固螺栓将柱塞套凸缘紧固在泵体的上端面上,形成吊挂式结构。这种吊挂式柱塞套结构改善了柱塞套和喷油泵体的受力状态。

另外,柱塞套内孔上端孔径略大,可防止柱塞在上端卡死。柱塞套内孔的中部加工有集油槽,从柱塞偶件间隙泄漏的柴油集中于此槽内,经回油孔流回喷油泵的低压油腔。

P型喷油泵的柱塞顶部开有起动槽,如图2-40所示。当柱塞处于起动位置时,此槽与柱塞套油孔相对,在柱塞上移到起动槽的下边缘使油孔封闭时开始供油。由于起动槽的下边缘低于柱塞顶面,因此供油迟后,供油提前角减小。这时气缸温度较高,柴油喷入气缸容易着火燃烧,有利于柴油机低温起动。

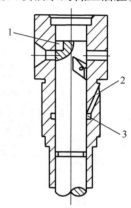

在柱塞套油孔的外面装有导流罩,当柱塞供油结束时,高压柴油以很高的速度经柱塞套油孔流回低压油腔,并强烈地冲击喷油泵体,使其发生穴蚀。导流罩可以防止喷油泵体穴蚀的发生。

图2-40 P型喷油泵柱塞偶件
1—起动槽;2—回油孔;
3—集油槽。

(3)油量调节机构。P型喷油泵的油量调节机构包括调节拉杆、控制套筒和嵌入调节拉杆凹槽中的钢球。柱塞上的榫舌嵌入控制套筒的豁口中。移动调节拉杆,通过钢球带动控制套筒使柱塞转动,从而改变供油量。这种钢球式油量调节机构结构简单、工作可靠、配合间隙小。

P型喷油泵各缸供油提前角或供油间隔角是利用在柱塞套凸缘下面增减调节垫片的方法来进行调节的。调匀各缸供油量则通过转动柱塞套来实现。柱塞套凸缘上的螺栓孔是长圆孔,拧松紧固螺栓,柱塞套可绕其轴线转动10°左右。当转动柱塞套时,改变了柱塞套油孔与柱塞的相对位置,从而改变了柱塞的有效行程,即改变了循环供油量。

(4)压力式润滑。喷油泵的润滑是利用柴油机润滑系统主油道内的机油对各润滑部位施行的压力式润滑。

2.3.1.6 分配式喷油泵

分配式喷油泵简称为分配泵。相对于柱塞式喷油泵,分配泵不仅具有体积小、质量轻、零件少、结构紧凑、通用性好,使用中故障少,容易维修等优点,还具有防污性好,可利用柴油自行润滑和冷却各个零件的特点。此外,分配泵凸轮的升程小,有利于提高柴油机转速。

如图2-41所示为轴向柱塞式分配泵(简称VE泵)的结构,它由驱动机构、二级滑片式输油泵、高压分配泵头和电磁式断油阀等部分组成。此外,机械式调速器和液压式喷油提前器也安装在分配泵体内。

驱动轴由柴油机曲轴定时齿轮驱动。驱动轴带动二级滑片式输油泵工作,并通过调速器驱动齿轮带动调速器轴旋转。在驱动轴的右端通过联轴器与平面凸轮盘连接,利用平面凸轮盘上的传动销带动分配柱塞。

柱塞弹簧将分配柱塞压紧在平面凸轮盘上,并使平面凸轮盘压紧滚轮。滚轮轴嵌入静止不动的滚轮架上。当驱动轴旋转时,平面凸轮盘与分配柱塞同步旋转,而且在滚轮、平面凸轮和柱塞弹簧的共同作用下,凸轮盘还带动分配柱塞在柱塞套内作往复运动。往复运动使柴油增压,通过旋转运动进行柴油分配。

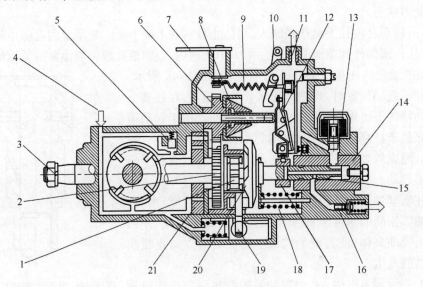

图2-41 轴向柱塞式分配泵

1—滚轮架;2—调速器驱动齿轮;3—驱动轴;4—燃油入口;5—调压阀;6—调速器齿轮;7—调速手柄;
8—飞锤;9—调速弹簧;10—停车手柄;11—溢流节流孔;12—调速器张力杠杆;13—断油阀;
14—柱塞套;15—分配柱塞;16—出油阀;17—油量调节套筒;18—柱塞弹簧;19—液压式喷油提前器;
20—平面凸轮盘;21—二级滑片式输油泵。

2.3.1.7 喷油器

喷油器是柴油机燃油供给系中实现燃油喷射的重要部件,其功用是根据柴油机混合气形成的特点,将喷油泵压入的燃油雾化成细微的油滴,并将其喷射到燃烧室中特定的部位,以利于混合气的形成和燃烧。

孔式喷油器用于直喷式燃烧室柴油机上,其结构如图2-42所示。由针阀和针阀体构成的喷油嘴通过拧紧螺母与喷油器体紧固在一起。调压弹簧以一定的预紧力通过顶杆作用在针阀上,将针阀压紧在针阀体内的密封锥面上,使喷油嘴关闭。

喷油器的针阀与针阀体是一副精密偶件,针阀的中间部分为圆柱形,与针阀体的内孔相配合起密封与导向作用。孔式喷油器的喷油嘴有长型和短型两种结构形式。

针阀的上锥面称为承压锥面,用来承受油压产生的轴向推力,使针阀升起。针阀下端的锥面,称为密封锥面,与针阀体下端的圆锥面相配合起阀门作用,用于打开或切断高压柴油与燃烧室的通路。

孔式喷油器喷孔的数目和分布的位置应根据燃烧室的形状和要求而定。对于有进气涡流的中小功率柴油机,喷孔数为1~6个;对于缸径较大的柴油机,喷孔可达7~12个。

轴针式喷油器与孔式喷油器的工作原理相同,结构相似,只是喷油嘴头部的结构不同。在轴针式喷油器中,针阀密封锥面以下有一段圆柱形部分或截锥形部分,称为轴针,它穿过针阀体上的喷孔且稍伸出于针阀体的喷孔外,轴针位于喷孔中并与喷孔之间有一定间隙。使喷孔呈圆环形。圆柱形轴针其喷注的喷雾锥角较小,而截锥形轴针其喷注的喷雾锥角较大。

40

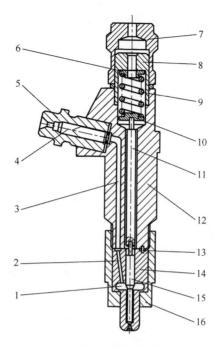

图 2-42　孔式喷油器(6135AZD 柴油机)

1—环形油室;2—针阀体油道;3—喷油器体油道;4—滤芯;5—油管接头;6—弹簧上座;7—护帽;8—调压螺钉;9—调压弹簧;10—弹簧下座;11—顶杆;12—喷油器体;13—定位销;14—针阀体;15—针阀;16—紧帽。

2.3.1.8　调速器

调速器的功用是在所要求的转速范围内,能随着柴油机外界负荷的变化而自动调节供油量,以保持柴油机转速稳定。

调速器有两个基本组成部分,即转速感应元件和调节供油拉杆的执行机构。按照基本组成结构与工作原理的不同,调速器可分为机械式调速器、电子式调速器等。

机械式调速器常采用具有一定质量的飞块作为感应元件,利用感应元件旋转时的离心力与调速器弹簧回位力之间的平衡原理来驱动执行机构的拉杆改变位置,实现调速过程。所以这种调速器又称为机械离心式调速器,由于其结构简单、工作可靠,目前仍广泛用于小功率及部分中等功率的柴油机上。

机械式调速器可分为两大系列,即 RS 系列和 RQ 系列。其中 R 指离心式调速器,S 指调速手柄可以改变调速弹簧的预紧力,Q 指调速手柄可以改变杠杆比。RS 系列调速器的调速弹簧是独立安装,飞块离心力与弹簧力之间的平衡,需经过一系列中间杠杆,因此这种调速器又称为弹簧外装式或杠杆式调速器。RQ 系列调速器的调速弹簧装在飞块的内部,弹簧力直接作用在飞块上,且由于飞块尺寸较大,故又称为弹簧内装式或大飞块式调速器。

电子式调速器的转速感应元件通常为各种转速传感器,执行机构元件通常为自整角机、力矩电机、电磁铁等。采用转速传感器来检测转速的大小,把转速信号变换成为电信号,传送给电子控制器,电子控制器根据转速的变化情况,适时向执行机构发出指令,从而改变供油量。由于转速的测量、设定、比较与调节均采用电子控制,因此整个系统具有很快的响应速度与很高的调节精度,能准确地实现恒速调速,对于柴油发电机组设备无差并联运行的要求也能够满足。目前,无论是在中小功率柴油机上,还是在大型柴油机上,电子调速器的应用越来越多。

1. 机械式调速器的基本结构

1)RS系列调速器

RS系列调速器的基本结构如图2-43所示。

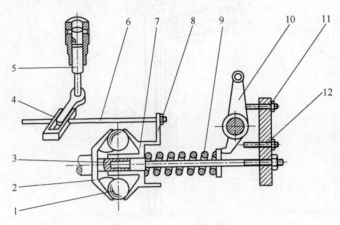

图2-43 RS系列调速器

1—钢球;2—传动盘;3—支承轴;4—拨叉;5—柱塞;6—供油拉杆;7—推力盘;8—传动板;9—调速弹簧;
10—调速弹簧预紧力控制装置;11—高速限制螺钉;12—低速限制螺钉。

由曲轴通过齿轮驱动的调速器轴上,固装有带径向槽的传动盘,在传动盘径向槽中与推力盘之间布置了一排钢球。钢球在传动盘的带动下随着传动盘一起旋转,钢球由于受到离心力的作用顺着径向槽向外飞开。传动盘的轴向位置是一定的,而推力盘则滑套在支承轴上,可以沿轴向滑动。调速弹簧以一定的预紧力压在推力盘上。推力盘上固定有传动板,传动板则和供油拉杆相连。当推力盘移动时,即通过传动板和供油拉杆使柱塞转动,以改变供油量。传动板向右移时,供油量减小;反之则增大。

2)RQ系列调速器

RQ系列调速器的结构如图2-44所示,转速感应元件是飞块,是由角形杠杆、调速套筒、调速杠杆等传动元件组成的杠杆系统。

飞块通过角形杠杆、调速套筒、调速杠杆与喷油泵的供油量调节齿杆连接,调速弹簧装在飞块的内部,有内、中、外三个弹簧(图中未区分),其外端均支撑在外弹簧座上。外弹簧的内端支撑在飞块的内端面上,称为怠速弹簧。中弹簧和内弹簧的内端支撑在内弹簧座上,称为高速弹簧。这些弹簧安装在弹簧座时有一定的预紧力,其大小可以通过调节螺母来调节。摇杆的一端与调速手柄连接;另一端与圆柱形的滑块铰接,滑块可以在调速杠杆的长孔中滑动。

和RS系列调速器一样,RQ系列调速器对柴油机转速的调节是通过一套杠杆系统把飞块的位置移动转变为供油量调节齿杆的位置移动。不同的是,此调速器采用了摇杆和滑块机构,在怠速时和高转速时调速器的杠杆比是不同的,因此称为可变杠杆比式调速器。

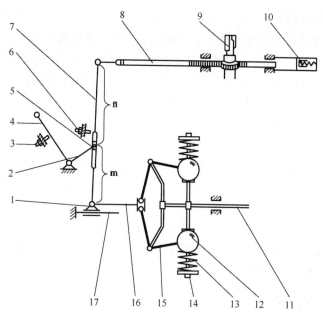

图 2-44 RQ 系列调速器

1—铰接点;2—摇杆;3—停机限制螺钉;4—调速手柄;5—滑块;6—高速限制螺钉;7—调速杠杆;
8—供油量调节齿杆;9—喷油泵柱塞;10—供油量限制弹性挡块;11—喷油泵凸轮轴;12—飞块;
13—调速弹簧;14—调节螺母;15—角形杠杆;16—调速套筒;17—导向销。

2. 典型调速器的构造

135 系列柴油机 B 型泵调速器装在喷油泵泵体的一端,由喷油泵的凸轮轴传动。调速器的外观如图 2-45 所示。

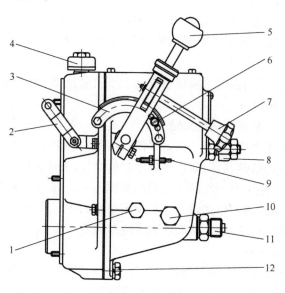

图 2-45 B 型泵调速器

1—油面检查螺钉;2—停机手柄;3—扇形齿板;4—通气口;5—油量控制手柄;6—低速限制螺钉;7—细调手轮;
8—低速稳定器;9—高速限制螺钉;10—杠杆轴固定螺钉;11—转速传感器安装接口;12—放油螺钉。

调速器的操纵机构是由油量控制手柄、细调手轮、扇形齿板、操纵轴等组成。油量控制手柄的下端经螺钉夹紧在操纵轴外端的花键上,操纵轴的内端经销子固装有摇杆。调速弹簧的一端挂在摇杆上,另一端则挂装在杠杆上。移动油量控制手柄,便可改变调速弹簧的预紧力,控制手柄的移动范围受扇形齿板上的高、低速螺钉限制。油量控制手柄上装的细调手轮,用以微量调整柴油机的工作转速。

调速器的低速稳定器用于保持柴油机在低速运转时的稳定。它由低速弹簧、螺套、顶杆、调节螺钉等组成,安装在调速器的后壳体上。

调速器的前、后壳体装合后为一密封体,其上部设有加油口与呼吸口,用以加注润滑油,呼吸口可使壳体内与外界大气保持相通。壳体的下部有油面检查孔以及放油孔,平时由螺钉封住。

在调速器前壳体上装有停机手柄,扳动手柄可迫使齿杆移动而处在停止供油位置。由于停机手柄轴上装有回位弹簧,待松手后手柄则自动返回原来位置。在该手柄处可安装电磁控制机构,用于遥控停机。

2.3.2　冷却系统

柴油机工作时,高温燃气及摩擦生成的热会使活塞、气缸套、气缸盖、气门和喷油器等零件的温度升高而引起零件热变形,降低其机械强度和刚度,破坏润滑油膜。当受热情况严重时,会使零件损坏。因此,对柴油机必须加以适当冷却。

冷却系统的功用是对柴油机进行冷却,将受热零件的温度控制在允许的范围内,另一方面又要使柴油机保持适当的温度以获得较高的经济性能。

柴油机冷却系统主要有风冷却系统和水冷却系统两种方式。

2.3.2.1　水冷却系统

水冷却系统是以水或其他冷却液作为吸热介质从柴油机的高温零件吸收热量,再把热量传递到大气中。水冷却系统主要由散热器(水箱)、水泵、风扇、节温器、水温表及水温传感器等组成。

4135AD 型柴油机采用强制水冷却系统。主要由散热器、水泵、风扇、节温器、机油冷却器等组成,如图 2-46 所示。

由柴油机驱动的水泵在柴油机运转时工作,具有一定压力的冷却液体由水泵出口通过分液管进入气缸体水套中,冷却了高温零件后的液体经散热器通过水管进入散热器上水室。热的液体在流经散热器芯部时,将热量散给空气,液体温度降低。低温的液体进入下水室后,在水泵的作用下再去冷却柴油机的高温零件。风扇用来增加流经散热器芯部空气的流速,以提高散热器的散热效率。水泵用来增加冷却液体在冷却系统中的流速,以提高高温零件向液体的传热系数,从而增强了冷却强度。

2.3.2.2　风冷却系统

风冷柴油机用空气做冷却介质,由风扇产生高速运动的空气直接将高温零件的热量带走,使柴油机在适宜的温度下工作。B/FL413F 系列柴油机风冷却系统如图 2-47 所示。

B/FL413F 系列柴油机风冷却系统采用液力传动轴流压风式风扇。其冷却风扇的转速随着柴油机热负荷(排气温度)的高低进行自动调节。使柴油机保持适当的冷却状态,保证其正常工作。

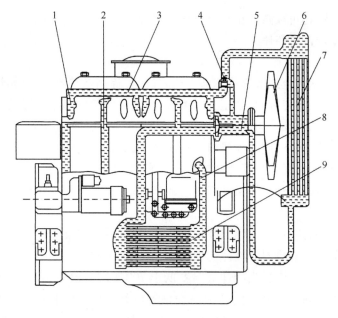

图 2-46　水冷却系统(4135AD 型柴油机)

1—气缸盖水套;2—气缸体水套;3—气缸盖出水管;4—节温器;5—水泵;6—风扇;

7—散热器;8—气缸体进水管;9—机油冷却器。

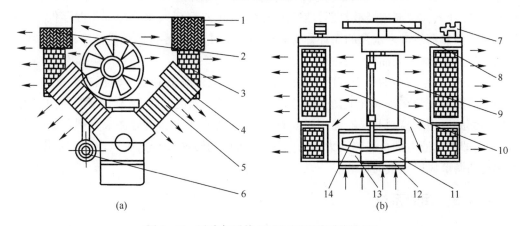

(a)　　　　　　　　　　　　　　(b)

图 2-47　风冷却系统(B/FL413F 系列柴油机)

(a)主视图;(b)俯视图。

1—液力耦合器油散热器;2—中冷器;3—机油散热器;4—气缸盖;5—气缸体;6—发电机;7—节温器;

8—飞轮;9—高压油泵;10—风压室;11—静叶轮;12—风扇;13—进风口;14—动叶轮。

　　冷却风扇设计有静叶轮导流装置,并且静叶轮有前置、后置之别。一般采用前置静叶轮结构。前置静叶轮起导流作用,避免冷却空气直接吹向风扇动叶片,提高风扇效率;同时减少叶轮出口圆周速度的动能来提高风压室压力。

　　风扇布置在曲轴箱上部两排气缸 V 形夹角之间,利用风扇外壳座落在附件托架顶部圆弧定位面上,并通过卡箍带固定在附件托架上。

　　B/FL413F 系列柴油机采用了液力耦合器、胶辊联轴器、钢片法兰盘、弹性联轴器等一系列挠性元件来驱动风扇。可以根据柴油机热状态自动地调节柴油机冷却强度,避免柴油机过冷和过热,还可以减少在部分负荷时驱动风扇而消耗的功率。

2.3.2.3　冷却系统部件

1. 风扇

风扇的功用是增大流经散热器芯部空气的流速,提高散热器的散热能力。常用的轴流式风扇,结构简单、布置方便、低压头时风量大。它一般安装在散热器芯部后面,利用吹风或吸风来冷却散热器芯部。为了提高散热效率,在散热器后面装有导引气流的导流罩。

在高速小负荷工况下,应减少风扇的转速,使风量相应地减少。这可在风扇驱动机构中,采用液力耦合器、电磁离合器及硅油离合器等;也可采用直流电动机驱动风扇,通过感温元件,根据柴油机的冷却液体温度来自动调节风扇转速,改变风量。

2. 节温器

节温器也称调温器,主要由感温装置、主活门和副活门组成。一般安装在气缸盖出水口处,能自动调节流经散热器的液体流量,以调节冷却强度。

例如,4135AD 型柴油机,当冷却液温度低于 70℃ 时,节温器控制冷却液体不经散热器,只进入回水管流回水泵,再由水泵压入分液管流到冷却水套中去。这种冷却液体在水泵和水套之间的循环称为小循环。这时由于冷却液体不流经散热器,从而防止了柴油机过冷,同时也可使柴油机在冷态起动时温度很快升起来。当液体温度超过 70℃ 后,在节温器的控制下,冷却液体的一部分流入散热器,另一部分进行小循环。当液体温度超过 80℃ 后,冷却液体全部流经散热器,然后进入水泵,由水泵压入水套冷却高温零件。冷却液体流经散热器后进入水泵的循环称为大循环。此时,高温零件的热量被冷却液体带走,并通过散热器散出,柴油机不会过热。

B/FL413F 系列柴油机中有两种节温器,即机械式节温器和电子液压式温度调节器。机械式节温器安装在排气管上,它直接感受柴油机排气温度的高低,利用节温器油阀阀芯热胀冷缩的原理来控制节温器油阀开度的大小,从而改变主油道通往液力耦合器的机油流量,随即引起液力耦合器传动力矩的变化,使风扇的转速、流量、风压均发生变化,从而实现自动调节风扇风量的目的。

2.3.3　润滑系统

为了保证柴油机各机件正常工作,延长机件的使用寿命,对各机件进行良好的润滑是极为重要的。为了满足对各机件的润滑,柴油机有一套完整的润滑系统。

2.3.3.1　润滑方式

柴油机各运动零件的工作条件不尽相同,对负荷以及相对运动速度不同的传动件采用了不同的润滑方式。

1. 压力润滑

对于承受负荷较大的摩擦表面(如主轴承、连杆轴承、凸轮轴轴承等处)的润滑,是在机油泵作用下,使机油以一定的压力注入摩擦部位。这种方式称为压力润滑。

压力润滑方式的优点是:工作可靠,能保证所需部位有充分的油量;对摩擦面及特定部位有较好的清洗和冷却作用;便于对机油进行滤清和冷却;机油使用寿命较长。

压力润滑方式的缺点是系统复杂,零部件多。

2. 飞溅润滑

某些摩擦表面(如气缸壁、配气机构的凸轮、气门挺柱、摇臂球头、气门杆顶部等处)的润滑,是利用运动零件对从轴承间隙处出来的机油进行击溅,使机油形成油滴或油雾对摩擦表面进行润滑。这种方式称为飞溅润滑。

2.3.3.2 润滑系统的基本组成

柴油机润滑系统的主要部件除机油泵、机油滤清器、机油冷却器(或散热器)等,还装有起限压、安全、恒温、回油等作用的压力阀,以及检查机油温度和压力的油温表和油压表。在大功率柴油机上,还装有起动前将机油预送到各摩擦表面上去的预供机油泵。机油压力低于允许范围时,自动停止柴油机工作的低油压自动停车装置等。

润滑系统按照机油主要储存位置的不同,分为湿式油底壳和干式油底壳两大类。

1. 湿式油底壳润滑系统

湿式油底壳润滑系统中,机油储存在油底壳中,润滑系统通常采用一只机油泵来实现机油的循环。其设备及布置简单,应用广泛。

湿式油底壳润滑系统如图2-48所示。工作中,机油泵将油底壳内的机油压送出来,经散热器和粗滤器后,大部分机油通向主油道,然后分别流向柴油机的各个摩擦表面,小部分流入精滤器。最后,两部分机油都流回油底壳。

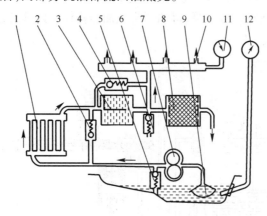

图 2-48　湿式油底壳润滑系统

1—机油散热器;2—恒温阀;3—机油粗滤器;4—安全阀;5—限压阀;6—溢油阀;7—机油泵;
8—机油精滤器;9—集滤器;10—主油道;11—机油压力表;12—机油温度表。

润滑系统中设置的各种阀门通常是在机油压力作用下自动开启和关闭的。限压阀用于控制机油泵送油压力,防止润滑系统油路中油压过高及机油泵过载。恒温阀的作用是根据机油的温度自动控制流入散热器的机油量,自动调节机油的正常工作温度。安全阀(或旁通阀)与粗滤器并列布置,当粗滤器通过阻力增大仍不足以保证柴油机润滑时,安全阀则自动接通油路,向主油道及其各摩擦表面供油。溢流阀用来保证主油道内的机油压力维持不变。监测仪表是为了方便观察润滑系统的油压及油温情况。

2. 干式油底壳润滑系统

干式油底壳润滑系统中,机油则储存在专用的机油箱中,而回流至油底壳(下曲轴箱)内的机油不断被一只(或两只)机油泵抽出,并输送到位于柴油机外面的机油箱,然后由另一只机油泵将机油压送到柴油机内部的各摩擦表面去润滑,如图2-49所示。

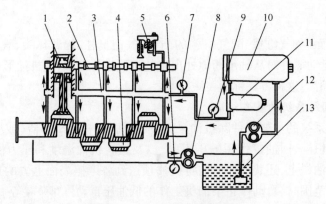

图 2-49　干式油底壳润滑系统

1—活塞连杆组;2—凸轮轴;3—主油道;4—曲轴;5—气门摇臂;6—出油温度表;7—机油压力表;
8—回油机油泵;9—进油温度表;10—冷却器;11—滤清器;12—压油机油泵;13—机油箱。

2.3.3.3　典型柴油机的润滑油路

1. 6135AZD 型柴油机的润滑油路

6135AZD 型柴油机采用湿式油底壳润滑系统。它主要由机油泵、机油滤清器、机油冷却器、机油压力表和温度表等组成,其润滑油路如图 2-50 所示。柴油机工作时,机油经集滤器初步过滤后被吸入机油泵,机油泵将机油经机体中的油道送至机油滤清器。

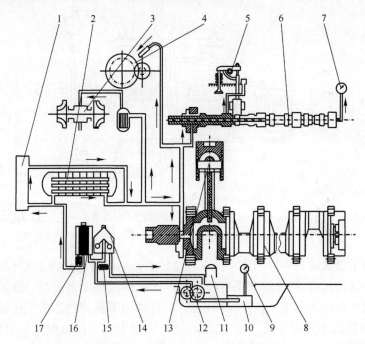

图 2-50　6135AZD 型柴油机润滑油路

1—机油散热器;2—机油冷却器;3—增压器;4—正时齿轮;5—摇臂轴;6—凸轮轴;7—油压表;8—曲轴;9—油温表;
10—集滤器;11—加油口;12—机油泵;13—活塞连杆组;14—细滤器;15—限压阀;16—粗滤器;17—旁通阀。

机油进入滤清器后分成两路:一路经机油细滤器过滤后直接流回油底壳;另一路经机油粗滤器过滤后流往机油冷却器(滤芯堵塞时,则经旁通阀流向机油冷却器)。冷却后的

48

机油分成两路,一路进入传动机构盖板,而另一路则去润滑涡轮增压器部件。

进入传动机构盖板的机油又分成两路:一路经曲轴前端轴颈上的油孔进入曲拐的中空部分,再从连杆轴颈上的油孔流出来润滑连杆轴瓦;另一路则再分成两路,其中大部分经机体上的油道、第一道凸轮轴轴承,进入凸轮轴中心油道,从各个轴颈的油孔流出来润滑各凸轮轴轴承。第二、第四、第六道凸轮轴轴承上有油孔,机油从此孔流出分别经机体上的垂直油道进入气缸盖内的油道去润滑摇臂轴。另外,还有一小部分机油经传动机构盖板上的喷嘴喷到各传动齿轮上进行润滑。

机油润滑各摩擦表面后,被后续的机油挤出而落回油底壳时,与做旋转运动的曲柄和连杆大头碰撞,形成许多飞溅的油粒,使活塞和气缸壁、曲轴主轴承等部位得到机油润滑。活塞上的油环刮下的机油可落入连杆小头的孔内,润滑活塞销和连杆衬套。凸轮轴上的凸轮依靠从挺杆的两个油孔流出的机油和部分飞溅的机油润滑。

机油压力表装接在凸轮轴后端处的油道上,以测量流出凸轮轴后的机油压力。机油温度表装接在油底壳上,用以测量油底壳内的机油温度。

2. B/FL413F 系列柴油机的润滑油路

B/FL413F 系列风冷柴油机润滑系统由压油泵、回油泵、机油散热器、机油粗滤器、机油细滤器、各种阀门以及管道等组成,如图 2-51 所示。

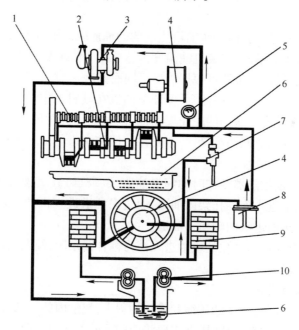

图 2-51 B/FL413F 系列柴油机润滑油路
1—凸轮轴;2—曲轴;3—增压器;4—风扇;5—油压表;6—油底壳;7—节温器;
8—机油滤清器;9—机油散热器;10—机油泵。

机油从油底壳中,经由压油泵压入附件托架的内油道内,在附件托架中,高压机油分成左右两路分别流往左右两个机油散热器。经机油散热器冷却后的高压机油,在附件托架中再次汇合,经过两个并连的、可更换的纸质滤芯的机油粗滤器而进入主油道。主油道位于柴油机左侧(从飞轮端看),机油进入主油道后,分三路润滑柴油机的各个相对运动的工作表面。

第一路,经斜油道和垂直油道的下方到达各个主轴颈、主轴承。然后经曲轴的中空油道穿过曲柄臂到达连杆轴颈,润滑各连杆轴承。

第二路,经斜油道到垂直油道上方,分别到达各个凸轮轴轴承、轴颈。在第一轴颈上有一环形油槽,向上流入辅助油道,即挺柱座油管。挺柱座油管位于 V 形夹角中间、凸轮轴的正上方。机油从挺柱座油管分别流至四个挺柱座(八缸机)中,一部分机油间歇地去润滑挺柱,并经中间的推杆到摇臂内油道以润滑摇臂轴,同时飞溅润滑气门组。最后经外接油管回到曲轴箱中;挺柱座油管中的另一部分机油经每个挺柱座上的单向阀(开启压力为 7.84 ~ 10.78kPa)分别喷向各活塞的内冷却腔去冷却活塞。飞溅的机油同时落到连杆小头上的集油孔内,以润滑连杆小头和活塞销。和第一凸轮轴相通的另一油道,斜经曲轴箱体,通过外接油管分别润滑风扇传动轴组合件和喷油泵。第五凸轮轴颈上也开有环形油槽,通过它去润滑风扇齿轮室。

第三路,机油经过和各横隔板相对应的外接油管到达其余润滑表面。与第三横隔板相对应的外接油管接头,同机油压力表传感器相联接。与第一横隔板相对应的外接油管分别通向两个废气涡轮增压器,以润滑增压器的浮动轴承、止推轴承。其中一根外接油管分出一路去润滑压气泵。传动系统的润滑是依靠风扇传动轴组合件和压气泵的回油飞溅润滑的。

润滑完毕的各路机油,流回到曲轴箱体下部的油底壳。油底壳侧面四个方向上的螺纹孔,可根据使用对象的不同,安装机油温度传感器和放油螺塞。油底壳左右侧各有一个螺孔,用以安装油尺,其油尺位置可根据机型不同而异。

曲轴箱自由端左侧,安装有回油泵,保证柴油机在倾斜工作时,将油底壳另一端中的机油输送到压油泵吸油管一端的油底壳集油池,以做下一次循环。在两机油泵之间有一根机油连通管,一方面润滑回油泵;另一方面保证回油泵齿间的一定的机油量,以便维持回油泵的工作能力。

以上是采用双机油散热器结构时的润滑油路,B/F8L413F 型柴油机还有单机油散热器结构,压油泵来的油进入附件托架内油道,通过内油道进入机油散热器,机油经散热器流回附件托架油道,进而进入曲轴箱主油道。

由风扇液力耦合器罩盖净化的机油进入液力耦合器泵轮,经涡轮再流回油底壳,起到了离心式细滤器的作用。

2.3.3.4 曲轴箱通风

柴油机工作的时候,在活塞的压缩和膨胀冲程中,气缸内的一部分气体不可避免地会经过活塞环的间隙漏入曲轴箱中,因此需要将曲轴箱的气体引出曲轴箱。

曲轴箱通风装置按其通风方式不同,可分为自然通风[图 2-52(a)]和强制通风[(图 2-52(b)]两种方式。

自然通风装置常采用通风管(呼吸管),这种通风装置可自动保持曲轴箱内与外界大气压力的平衡,并且结构简单,又可作为加机油管。

强制通风装置是将曲轴箱中的气体经管道引向柴油机的进气道或引向增压柴油机的增压器,以利用机械的抽吸作用,强制抽出曲轴箱中的气体。

50

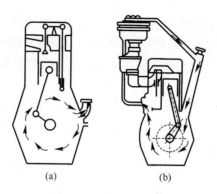

图 2-52　曲轴箱通风方式

（a）自然通风；（b）强制通风。

2.3.4　启动系统

柴油机起动方式很多，包括电力启动方式、压缩空气启动方式、手动启动方式等，其中电力启动方式是应用最为普遍的方式。电力启动方式主要由启动电机、蓄电池、充电发电机及其调节器等组成。

2.3.4.1　启动电机

启动电机主要利用电磁机构来完成控制功能。启动电机的结构原理如图 2-53 所示。

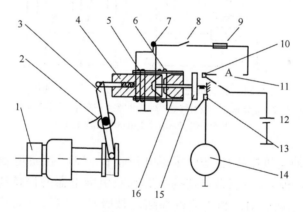

图 2-53　启动电机

1—驱动齿轮；2—回位弹簧；3—拨叉；4—活动铁芯；5—保持线圈；6—吸引线圈；7—电磁开关接线柱；8—启动开关；9—熔丝；10、13—触点及接线柱；11—电流表；12—蓄电池；14—电动机；15—接触盘；16—黄铜套。

黄铜套上绕有吸引线圈和保持线圈，两线圈绕向相同，吸引线圈与保持线圈的公共端接于电磁开关接线柱，保持线圈的另一端直接搭铁，吸引线圈的另一端则经电动机开关接线柱、导电片至电枢绕组而搭铁。铜套内装有固定铁芯和活动引铁，活动引铁的尾部与拨叉连接，活动引铁前移时压动顶杆带动触盘使电动机开关接通。启动开关控制起动机的吸引线圈和保持线圈。

接通启动开关，电磁开关通电，此时吸引线圈和保持线圈产生的磁力方向相同，在两线圈磁力的共同作用下，使活动铁芯克服弹簧力右移，带动拨叉将驱动齿轮推向飞轮。与此同时,活动铁芯将接触盘顶向触点。当驱动齿轮与飞轮啮合时,接触盘将电磁开关触点接通,使电动机通入启动电流,电枢产生正常电磁转矩,并通过传动装置带动柴油机转动。这时,吸引线圈被接触盘短路,活动铁芯靠保持线圈的磁力保持在移动的位置。

柴油机启动后,在断开启动开关瞬间,接触盘仍在接触位置,此时吸引线圈与保持线圈磁力互相抵消,活动铁芯便在弹簧力作用下回位,使驱动齿轮退出;与此同时,接触盘也回位,切断起动机电路,起动机停止工作。

起动机驱动齿轮啮入飞轮齿圈过程中,由于吸引线圈的电流流经电动机,电枢产生较小的电磁转矩使驱动齿轮在缓慢转动中与飞轮啮合,避免了顶齿和冲击。

B/FL413 系列柴油机上安装的起动电机额定工作电压为24V,额定输出功率为9kW。启动电机起动柴油机过程虽很短,但分二个阶段进行,如图2-54 所示。

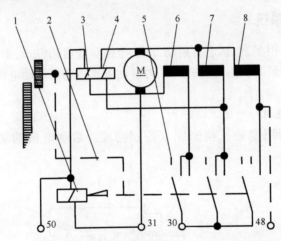

图2-54 起动机控制装置(B/FL413F 系列柴油机)
1—控制继电器;2—止动板;3—吸引继电器保持线圈;4—吸引继电器吸引线圈;5—锁片;
6—并激绕组;7—辅助绕组;8—串激绕组。

第一阶段:启动电机接线柱"30"接蓄电池正极,"31"接蓄电池负极。当接线柱"50"接通蓄电池正极时,控制继电器的线圈和吸引继电器的保持线圈通电。控制继电器磁芯被吸动,主触点动片和止动板都随之被吸动。主触点动片的上部与接线柱"30"接触。止动板被锁片卡住,主触点动片下部不能与激磁绕组内的串激绕组接通,并激绕组和辅助绕组(均在激磁绕组内)以及吸引继电器的吸引线圈均通电。流过辅助绕组和吸引继电器吸引线圈的电流也流过电枢转子。电枢转子缓慢旋转,带动离合器外壳、摩擦片、螺旋花键套、螺旋花键轴、小齿轮一同缓慢旋转。与此同时,吸引继电器芯杆被吸引,推动顶杆、螺旋花键轴、小齿轮一起向外伸出。小齿轮缓慢旋转同时向外伸出与飞轮齿圈啮合。如果与飞轮齿圈相碰不能入轨啮合,在缓慢旋转后与齿圈啮合。

第二阶段:当小齿轮与齿圈啮合宽度大于17mm 时,扣片将锁片向上顶起,止动板被释放,主触点动片下部与串激绕组接触。启动电机发出全部功率,使飞轮加速旋转,将柴油机起动"着火"。飞轮齿圈达到一定转速后开始驱动小齿轮转动时,摩擦片式离合器超速打滑,保护启动电机不受损坏。断开接线柱"50"电源,小齿轮在回位弹簧作用下回至原位。

2.3.4.2 蓄电池

蓄电池主要由极板、隔板、电解液及壳体等组成。壳体一般分为六个单格,每个单格电池的标称电压为2V,将六个单格电池串联后便成为一个12V蓄电池,如图2-55所示。

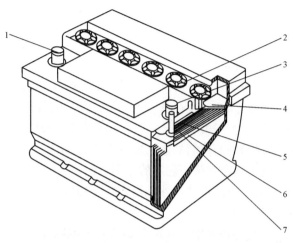

图2-55 蓄电池的构造
1—负极柱;2—加液孔塞;3—正极柱;4—电解液液面标记;5—负极板;6—正极板;7—隔板。

蓄电池是由浸渍在电解液中的正极板和负极板组成,电解液是稀硫酸溶液,蓄电池中发生的化学反应是可逆的。

铅蓄电池正极板上的活性物质是二氧化铅(PbO_2),负极板上是海绵状铅(Pb),电解液是硫酸(H_2SO_4)的水溶液。当蓄电池和负载接通放电时,正极板上的二氧化铅和负极板上的铅都将转变成硫酸铅($PbSO_4$),电解液中的硫酸减少,密度下降。

当蓄电池接通直流电源充电时,正、负极板上的硫酸铅将分别恢复成原来的二氧化铅和纯铅,电解液中的硫酸增加,密度增大。

其化学反应方程式为

$$PbO_2 + Pb + 2H_2SO_4 \underset{充电}{\overset{放电}{\rightleftharpoons}} 2PbSO_4 + 2H_2O$$

正极板 负极板 电解液　　　　　正负极板 电解液

2.3.4.3 充电发电机

充电发电机可向蓄电池充电,以补充蓄电池在使用中所消耗的电能。

充电发电机是一个三相同步交流发电机,如图2-56所示为充电发电机的工作原理图。发电机的三相定子绕组按一定规律分布在发电机的定子槽中,彼此相差120°角度。当转子旋转时,由于定子绕组与磁力线有相对切割运动,所以在三相绕组中产生频率相同、幅值相等、相位互差120°角度的正弦感应电动势 e_A、e_B、e_C。

当充电发电机结构一定时,定子绕组内感应电动势的大小与发电机的转速、磁极的磁通成正比。定子绕组中产生的三相交流电,经六个二极管组成的三相桥式整流电路后变换为直流电。

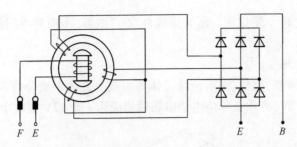

图 2-56　充电发电机工作原理

2.3.4.4　充电发电机调节器

传统的调节器是电磁振动式调节器,存在着体积大、结构复杂、触点易烧蚀、调整精度不高、需要经常检修与调整等缺点,现在基本被电子式调节器替代。

电子式调节器是利用晶体三极管的开关特性,将晶体三极管串联在发电机磁场电路中,根据发电机输出电压的高低,控制晶体三极管的导通和截止,从而控制发电机的磁场电流,使发电机的输出电压稳定在某一规定的范围之内。

由于柴油机交流发电机有内搭铁与外搭铁之分,因此,与之匹配使用的电子式调节器也分内搭铁与外搭铁两类。

如图 2-57 所示为一种外搭铁电子式调节器的基本电路原理图,由电压监测电路、信号放大电路及功率放大电路三部分组成。

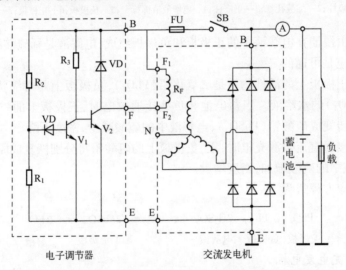

图 2-57　电子式调节器(外搭铁式)

电阻 R_1、R_2 和稳压管 VD 构成电压监测电路,电阻 R_1、R_2 组成的分压器监测发电机输出电压 U 的变化。

稳压管 VD 是电压感受元件,其稳定电压确定原则是:当发电机端电压 U 达到或超过规定的调节电压 U_r 时,分压电阻 R_1 两端的电压 U_{R1} 应正好达到或超过稳压管 VD 的稳定电压 U_w。

三极管 V_1 和电阻 R_3 构成信号放大电路,其作用是将电压监测电路输入的信号放大后,控制功率三极管 V_2 的导通与截止。电阻 R_3 既是三极管 V_1 的负载电阻,又是功率三极

54

管 V_2 的偏流电阻。

功率三极管 V_2 构成功率放大电路,它串联在发电机的磁场回路中。V_2 导通时,磁场电流接通;V_2 截止时,磁场电流切断。因此,通过控制三极管 V_2 的导通与截止,就可调节磁场电流,使发电机输出电压稳定在某一额定值。

续流二极管 VD 的作用是保护功率三极管 V_2。在三极管 V_2 由导通变为截止瞬间,磁场绕组产生的自感电动势经二极管 VD 构成泄放回路,防止三极管 V_2 击穿损坏。

上述电子式调节器的工作过程如下:当开关 SB 接通,发电机未转动或转速较低,发电机电压 U 低于调节电压 U_r 时,因分压电阻 R_1 的分压值 U_{R1} 小于稳压管 VD 的稳定电压 U_w,稳压管处于截止状态,三极管 V_1 因无基极电流而截止。于是三极管 V_2 导通,接通磁场电路。随着发电机转速升高,其端电压升高。当发电机电压升高到调节电压 U_r 时,分压电阻 R_1 的分压值 U_{R1} 也达到了稳压管 VD 的稳定电压 U_w,此时稳压管 VD 导通,随即三极管 V_1 导通,功率三极管 V_2 因无基极电流而截止,磁场电路被切断,发电机磁极磁通迅速减少,电压急剧下降。当发电机电压低于调节电压时,VD、V_1 又恢复到截止状态,V_2 再次导通,磁场电路再次被接通,发电机电压重新升高。如此反复,使发电机电压维持在调节电压值 U_r。

内搭铁电子式调节器与内搭铁交流发电机配套使用,其工作原理与上述外搭铁电子式调节器相同。

第3章　同步发电机

3.1　同步发电机的结构特点

3.1.1　同步发电机的类型

目前,国内大量使用的发电机大多是旋转式同步交流发电机,其类型很多,按照不同的分类方式,可分为以下六种。

（1）按功率分为:小功率同步交流发电机,额定功率小于10kW;中功率同步交流发电机,额定功率为 10~1000kW;大功率同步交流发电机,额定功率为 1000~200000kW。

（2）按频率分为:工频同步交流发电机,额定频率为 50Hz;中频同步交流发电机,额定频率为400Hz。

（3）按电压等级分为:低压同步交流发电机,额定电压低于 1000V;高压同步交流发电机,额定电压高于 1000V。

（4）按结构分为:旋转磁极式(按转子结构又分为凸极式和隐极式)和旋转电枢式。

（5）按励磁方式分为:电励磁式和永磁式。按励磁电源可分为自励式和他励式。

（6）按冷却方式分为:空气冷却、氢气冷却、水冷却、空气冷却采用内扇式轴向和径向混合通风系统,适用中小功率的同步交流发电机。氢气冷却,冷却效果优于空气冷却,在汽轮发电机中广泛使用,其定、转子导线是空心的,直接将氢气压缩进导体带走热量。水冷却,效果优于氢气冷却,主要是内冷式。军用移动电站中的同步交流发电机多采用空气冷却,也称为风冷。

3.1.2　同步发电机的基本结构

同步交流发电机由静止的定子和转动的转子等部分组成。定子和转子中有一个是磁极而另一个则是电枢。电枢铁芯都是采用电工钢片冲制叠成,在它的槽内敷设电枢绕组,而磁极一般由磁极铁芯和励磁绕组组成,励磁绕组通直流电之后,就建立了磁场。

大型的、转速较高的同步发电机一般采用旋转磁极式,而功率较小或特殊的同步发电机采用旋转电枢式,如图 3-1 所示。

1. 定子

对于旋转磁极式的同步交流发电机来说,定子由

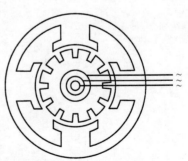

图 3-1　旋转电枢式同步电机

导磁的定子铁心、导电的定子绕组以及固定铁心与绕组的机座、端盖等组成。

为了减小交变磁场在定子铁心中引起的磁滞损耗和涡流损耗,定子铁心用导磁良好且彼此绝缘的0.35mm、0.5mm或其他厚度的硅钢片叠压而成。定子外径较小时,采用圆形冲片,当定子外径大于1m时,采用扇形冲片拼成整圆。定子铁心固定在机座上,机座通常由钢板焊接而成,要求有足够的刚度和机械强度,同时还必须满足通风和散热的需要。定子铁心内圆表面开有槽,槽内嵌放定子绕组。定子绕组在同步电机中常被称为电枢绕组,电枢绕组由高强度漆包线绕制而成,按照一定的设计规律嵌放在电枢槽内,将所有的槽内电枢元件通过一定的方式连接起来构成完整的电枢绕组,用以产生交流电动势和电流,向负载输出电能。

电枢绕组的种类很多,分类方法也很多。按相数分为单相绕组、两相绕组、三相绕组、多相绕组;按槽内层数分为单层绕组、双层绕组、单双层绕组;按每极每相槽数分为整数槽绕组和分数槽绕组;按绕组元件节距分为整距绕组、短距绕组和长距绕组;按绕组元件排列方法分为同心绕组、叠式绕组、波式绕组等。

同步交流发电机通常采用短距分布式绕组,这种结构工艺合理、节约铜导线,可以改善交流电动势的波形,使之接近于正弦波。

旋转电枢式的同步交流发电机的定子组件为磁极及其励磁绕组等组成的磁极组件。

2. 转子

旋转磁极式的同步交流发电机的转子通常由磁极铁芯、励磁绕组、转轴及风扇等附件组成。按结构不同,转子可分为隐极式和凸极式两种。

隐极式转子上没有凸出的磁极,适用于较高转速的发电机。转子铁心是电机磁路的一部分,由于高速旋转而承受着很大的机械应力,因此一般都采用高机械强度和良好导磁性能的合金钢锻件。沿转子铁心圆周外表面上开有槽,槽内放置励磁绕组。为了使励磁绕组产生的磁动势接近正弦分布,在磁极的中心部分,转子表面不开槽,形成大齿,转子表面其余部分开槽形成小槽称为小齿,如图3-2(a)所示。

励磁绕组由扁铜线绕成同心绕组,并用槽楔将其紧固在槽内。绕组端部的表面套有一个高强度合金钢制成的护环,以保证端部不会因离心力而损坏。为了防止励磁绕组轴向移动,采用中心环加以固定。绕组的励磁绕组引出线与固定在转子上的一对滑环连接,通过电刷与直流电源相接。另外,转轴的两端还装有供电机内部通风用的风扇。

凸极转子的结构和加工工艺都比隐极转子简单,因此在转速不高的情况下多采用凸极结构。凸极转子的磁极一般用1mm~3mm厚的钢板冲成磁极的形状后叠压铆成。磁极是转子磁路的一部分,不同磁极之间通过磁轭连接,形成完整的转子磁路。用铜线绕成集中线圈套在磁极的极身上,各磁极上的线圈连接起来,构成励磁绕组。励磁绕组通过集电环和电刷与外部直流电源相连。磁极两端有磁极压板,用来压紧磁极冲片和固定磁极绕组。有些电机磁极的极靴上开有一些槽,槽内放上铜条,并用铜环将所有铜条连接在一起构成阻尼绕组,其作用是抑制短路电流和减弱电机振荡,在电动机运行时还作为启动绕组用。磁极与转子轭部采用T形连接,如图3-2(b)所示。

旋转电枢式的同步交流发电机的转子为电枢组件。

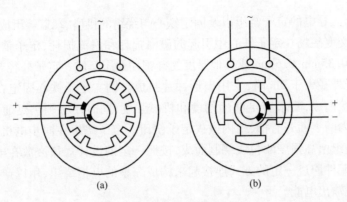

(a)   (b)

图 3-2　旋转磁极式同步电机

(a)隐极式;(b)凸极式。

3.1.3　同步发电机的工作原理

如图 3-3 所示为简单的同步发电机模型的截面图(旋转磁极式同步发电机)。定子铁心上安放完全对称的三相绕组 AX、BY、CZ,在空间互差 120°电角度的转子铁心上安放励磁绕组,通以直流电建立恒定的磁场,极性和磁场分布如图所示。

用一台原动机(水轮机、汽轮机或柴油机等)拖动同步发电机转子逆时针方向恒速旋转时,转子磁通将切割定子绕组,根据法拉第电磁感应定律,定子绕组中将产生感应电势。以导体 A 为例,在图 3-3(a)所示时刻,导体 A 位于 N 极正中间。磁感应线由 N 极出发,经过气隙进入定子,其方向与导体 A 垂直。导体相对于磁场的运动方向与磁感应线的方向垂直。于是,磁感应线、导体和导体运动的方向三者相互垂直,则导体的感应电势的大小可表示为

$$e = B_\delta l v$$

式中:B_δ 为导体 A 所在处的磁通密度;

　　　l 为导体 A 的轴向长度;

　　　v 为导体 A 与 B_δ 间的相对线速度。

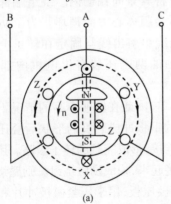 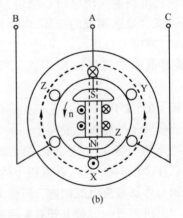

(a)   (b)

图 3-3　简单的同步发电机模型截面图

(a) N 向上时;(b) S 向上时。

若气隙磁通密度 B_δ 沿圆周作正弦规律分布,则产生的感应电势随时间也将作正弦规律变化,即

$$e = B_\delta lv = B_m lv\sin\omega t = E_m\sin\omega t \tag{3-1}$$

导体感应电势的方向可以用右手定则确定。在图3-3(a)所示时刻,导体A的感应电势的瞬时实际方向为出纸面。当磁极逆时针转过180°时,如图3-3(b)所示时刻,导体A位于S极正中间,该处的磁感应线由定子经过气隙进入转子的S极,所以导体A的感应电势的瞬时实际方向为进纸面。如果磁极继续逆时针旋转180°,导体A又位于N极正中间,感应电势的瞬时方向又变为出纸面。由此可见,在图3-3所示的两极电机的情况下,磁极每旋转一周,导体感应电势的瞬时实际方向就交变一次;其他导体感应电势的情况也一样。

电机中的磁极总是成对交替出现的,一个N极和一个S极称为一对极。导体每经过一对极,感应电势的瞬时实际方向就变化一个周期。实际上电机转子可以有p对磁极(p为正整数)。转子每转一圈,就有p对磁极经过定子上的导体A,于是导体A的感应电势变化了p个周期。若电机的转速为n_1(r/min),则导体A感应电势的频率为

$$f = p\frac{n_1}{60} \tag{3-2}$$

式中,当电机的极对数和转速n_1一定时,频率f就是固定值。

同步电机的转速n也就是定子三相电流系统所产生的旋转磁场的转速n_1,它与定子电流频率f间维持严格的关系,即

$$n = n_1 = \frac{60f}{p}\,(\text{r/min}) \tag{3-3}$$

这是同步电机和异步电机的基本差别之一。

因此为了使同步发电机发出的电势频率保持一定,必须要求原动机的转速恒定。同理,当同步电机作为电动机使用时,由于定子绕组外接电源电压频率一定,故其转速也严格恒定。

考虑到定子三相绕组完全相同仅在空间互差120°电角度,因此定子三相绕组感应电势幅值大小相同,彼此在相位上互差120°电角度,若设A相初相位为零,如图3-3所示的布置和旋转方向,则三相电势瞬时值为

$$e_A = E_m\sin\omega t \tag{3-4}$$
$$e_B = E_m\sin(\omega t - 120°) \tag{3-5}$$
$$e_C = E_m\sin(\omega t - 240°) \tag{3-6}$$

三相交流电波形图如图3-4所示。

若在定子三相绕组出线端接上负载构成回路,则将有电流输出,同步发电机就向负载输出电能,意味着把轴上输入的机械能通过电磁感应转换成电能输出,实现了能量转换。这就是同步发电机的基本工作原理。

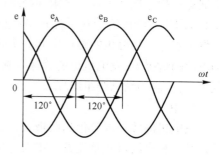

图3-4 三相交流电波形图

3.1.4 移动电站同步发电机的结构特点

目前,军用移动电站中采用的大多是无刷交流同步发电机组,其发电机组通常是由同步交流发电机、励磁机、旋转整流器等组成。

如某型无刷交流同步发电机组由主发电机、励磁机及旋转整流器等组成。它的主发电机是一个旋转磁场的三相交流发电机,而励磁机是旋转电枢的三相多极交流发电机。

无刷交流同步发电机的静止部分包括一般传统结构的主发电机定子、自动电压调节器,以及励磁机的磁极,转动部分包括凸极式的主发电机转子、交流励磁机的电枢以及三相全波桥式整流器。

无刷交流同步发电机的特点是无刷、无集电环,采用静止励磁,因此运行可靠,维护工作量小。发电机的部分输出经由自动电压调节装置供给励磁机的磁场,构成发电机的自动恒压系统,电压调整率高,一般小于或等于5%,动态性能优越。

常见的无刷同步发电机的结构框图如图3-5所示。

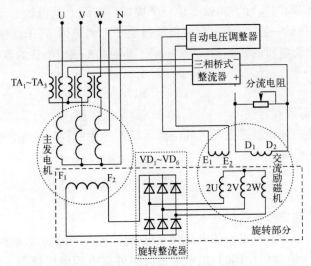

图3-5 一般无刷同步发电机的结构框图

1. 定子

主发电机定子为电枢,它与一般传统结构的同步发电机的定子结构基本相同。定子上嵌有三相电枢绕组及一套附加绕组(可以是单相或三相,也可以是其他的励磁方式,见3.2节同步发电机的励磁系统)。发电机的静止部分还有励磁机的磁极及静止的自动电压调节器等。励磁机的磁极中有一个磁极是由优质永久磁钢制成的,便于在没有外加起动电源的情况下,发电机也能确保顺利建压。交流励磁机定子励磁绕组由定子空载励磁绕组、定子复励励磁绕组组成。

2. 转子

发电机的转动部分包括凸极式分布绕组的主发电机转子、交流励磁机的三相电枢绕组以及三相全波桥式整流器。主发电机转子铁芯上装有 n 根阻尼导条和阻尼端环,以便改善电机运行时的性能。旋转整流器由六个硅整流元件组成三相桥式电路,励磁机电枢输出的三相交流电被整流为直流电后输入主发电机的励磁绕组。

3. 电压调节器

从可靠性考虑,无刷交流同步发电机组的调压方式有自动和手动两种,当检测或电压调节板等出现故障时,将自动调压转换到手动调压位置,通过调节电阻来调节无刷交流同步发电机的端电压。

该系统有两套自动电压调节装置,一块电压调节板及一只大功率晶体管正常工作时,另一块电压调节板及一只大功率晶体管与之并联,当一套调压装置出故障后,可通过开关转换到另一组进行自动调压。

3.2 同步发电机的励磁系统

同步发电机需要由励磁系统产生磁场以实现机电能量转换,因此励磁系统是同步发电机的重要组成部分。

3.2.1 励磁系统的定义、组成及作用

1. 励磁系统指同步电机励磁绕组的供电电源,它包括励磁机(在不用励磁机时,指产生励磁电压的回路上的有关设备)、自动励磁调节器、手动励磁调整器,强行励磁,强行减磁及灭磁等装置。

2. 励磁系统的主要作用

(1)正常运行条件下供给同步发电机的励磁电流,并根据发电机负载情况作相应的调整,以维持发电机端电压或电网某点电压为一给定水平。

(2)电力系统发生短路故障或其他原因使系统电压严重下降时,对发电机进行强行励磁以提高电力系统的稳定性。

(3)发电机突然甩负荷时实行强行减磁,以限制发电机端电压过度增高。

(4)发电机出现内部短路故障时,能进行灭磁以降低故障损坏程度。

(5)使并联运行发电机的无功功率得到合理分配。

3.2.2 常见励磁系统

励磁方式可以分为电励磁方式和永磁励磁方式。

电励磁方式的种类很多,分类方法也很多。按是否采用励磁机可分为有励磁机和无励磁机;按励磁机的电源性质可分为直流励磁机和交流励磁机;按有无电刷可分为有刷励磁和无刷励磁;按整流器是否旋转可分为静止整流器励磁和旋转整流器励磁;还有三次谐波励磁、相复励磁等。军用移动电站常用的有直流励磁机励磁方式、交流励磁机励磁方式(静止整流器励磁方式、旋转整流器励磁方式)、静止励磁系统(相复励磁、三次谐波励磁、电枢绕组抽头励磁、副绕组励磁)等。

1. 直流励磁机励磁方式

直流励磁机励磁方式是将直流发电机与同步发电机同轴相连,用其他原动机拖动旋转,直流发电机产生的直流电流通过集电环和电刷装置施加到同步发电机的转子励磁绕组上来励磁,如图3-6所示。当同步发电机功率较大需要较强励磁时,还可通过加装励磁机来实现。直流励磁有自励和他励之分,如图3-7和图3-8所示。这种同轴直流励磁机励磁方式很早就在军用移动电站中得以采用,但是由于换向器和电刷的存在,易导致火花产生,电刷磨损快,维护工作量大。随着新材料和电力电子技术的发展,直流励磁机励磁方式已被永磁励磁方式和采用整流器的励磁方式所取代。

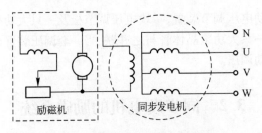

图 3-6 同轴直流励磁机励磁系统

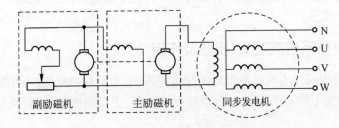

图 3-7 自励式同轴直流励磁机励磁系统

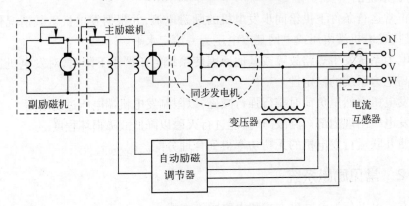

图 3-8 他励式直流励磁系统

2. 交流励磁机励磁方式

1）交流励磁机静止整流器励磁方式

交流励磁机静止整流器励磁方式是将交流励磁机与同步发电机同轴相连,用其他原动机拖动旋转,交流励磁机产生的交流电流通过静止的整流器变成直流电,经过集电环和电刷装置供给同步发电机的转子绕组励磁。这种励磁方式不用换向器,但也有集电环和电刷装置,如图 3-9 所示。

2）交流励磁机旋转整流器励磁方式

以上几种励磁方式都无法避免装有电刷、滑环装置,有电刷、滑环就需要经常维护,而且这种接触导电部件往往故障率高。如果把交流励磁机做成旋转电枢式的同步发电机,并把它安装在主发电机的同一转轴上,然后把整流器也固定在励磁机的电枢上使其一起旋转(称为旋转整流器),这样就组成了旋转的交流整流励磁系统,它的最大特点是没有电刷和滑环装置,所以该系统又称为无刷励磁系统,如图 3-10所示。

这种励磁系统的原理不难理解,其中自动电压调整器根据主发电机的电压偏差和电

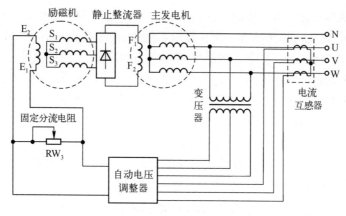

图 3-9　静止整流器励磁系统

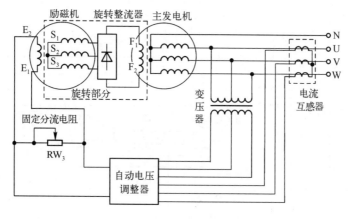

图 3-10　旋转整流器励磁系统

流变化自动地调整交流励磁机的励磁电流,以保证主发电机输出端电压的恒定。由于交流励磁机的磁场绕组是静止的,调节比较方便,故而目前军用电站大多采用无刷励磁系统。

3. 静止励磁系统

静止励磁系统中发电机的励磁电源不用励磁机,而是由机端励磁变压器、三次谐波绕组、电枢绕组抽头或副绕组引出励磁功率供给整流装置,这类励磁装置采用大功率晶闸管元件,没有转动部分,故称为静止励磁系统。由于励磁电源是由发电机本身提供,故又称为发电机自并励系统。

静止励磁系统是一种自励型励磁系统,即利用同步发电机输出电能的一部分经整流供给励磁。由于励磁功率不大,所以取自同步发电机发出的电能是允许的、可能的。由于避免了单独的励磁电机,所以这种自励系统得到了广泛应用。

实现自励,一定要具备基本的自励条件。和直流发电机自励条件相仿,同步发电机首先要有足够的剩磁。这样,同步发电机被原动机带动运转后就有剩磁电压,以此提供初始的励磁电流,使电压逐步建立直至正常工作。

1)相复励励磁系统

一般仅仅在发电机电压上取得励磁能量的系统称为并励系统。若不仅从电压上,而

63

且通过电流互感器从输出电流中同时获得励磁能量的则称为复励系统。在并励系统中，当发电机短路时，就无法提供励磁。而在复励系统中，由于存在与电流大小成比例的励磁分量，所以当电枢电流较大时，存在强励作用，避免了短路时无法提供励磁的现象。

同步发电机负载性质不同时，其电枢反应的性质和效果是不同的。因此，励磁电流不仅应随负载电流的大小而变化，还应随负载电流的功率因数角变化而调整，这样才能适应各种负载状态和大小的需要。具有这种相角补偿的复励系统称为相复励励磁系统。

如图 3-11 所示是相复励励磁系统的原理电路图。复励变压器每相有两个初级线圈，其中一个由电流互感器供电，反映了负载电流的变化；另一个初级线圈反映电压的变化，因此变压器输出将由发电机的电压和电流共同决定，然后经整流以供励磁。在电压线圈电路中串联的电抗器起移相作用，使电压线圈的电流 $\dot{I}_U$ 落后电压 90°，这样电流线圈与电压线圈的磁势相位差 $90° - \varphi$，如图 3-12 所示。因此变压器合成磁势大小将具有良好的相复励特性。

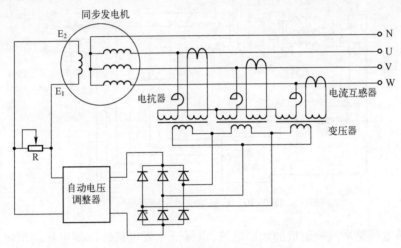

图 3-11　相复励励磁系统原理电路

空载时，整流前的励磁电流与空载电压的矢量关系如图 3-13 所示，$\dot{U}$ 为发电机主绕组的空载电压矢量，由于线性电抗器的电抗很大，所以流经电抗器的感应电流 $\dot{I}_U$ 基本上滞后于电压 $\dot{U}$ 90°，此时励磁电流 $\dot{I}_l$ 全部由 $\dot{I}_U$ 供给，所以整流前的励磁电流 $\dot{I}_l$ 也滞后电压 $\dot{U}$ 90°，励磁电流 $\dot{I}_U$ 称为空载励磁电流。

与发电机电枢绕组抽头相连的线性电抗器和三相电流互感器的次级一起并接在整流器的交流输入端，当发电机空载时，电流互感器的初级无输出。由于电流互感器的次级电抗很大，所以流经电流互感器的交流电流很小，即电流互感器次级的分流作用很小，在分析空载励磁电流时，可忽略电流互感器的分流作用，故 $\dot{I}_l = \dot{I}_U$。

当发电机带有负载时，一定比例的负载电流通过电流互感器一次绕组，在电流互感器的二次绕组中感应出与负载电流 $\dot{I}_a$ 相位相同，大小成比例的交流电流 $\dot{I}_l$。这时整流前的励磁电流 $\dot{I}_l$ 应该是流经电抗器的电流 $\dot{I}_U$ 与流经电流互感器的电流 $\dot{I}_l$ 的矢量和，即 $\dot{I}_l = \dot{I}_U + \dot{I}_l$，如图 3-14 所示。$\dot{I}_l$ 仅在负载情况下存在，故又称其为励磁电流的负载分量 $\dot{I}_l$。

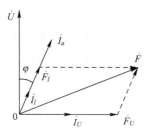

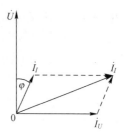

图 3-12 相复励励磁磁势矢量图　　图 3-13 空载励磁　　图 3-14 负载励磁电流矢量图
电流矢量图

由于发电机带负载(通常情况下负载总是电感性的)时,电枢反应的作用使端电压下降。负载电流越大或功率因数角 φ(滞后)越大,则端电压下降越多。下面分两种情况进行讨论。

(1)负载电流 $\dot{I}_a$ 数值大小变化, φ 不变。若负载电流由 $\dot{I}_a$ 增大到 $\dot{I}_a'$,则发电机端电压下降,但电流互感器次级负载分量 $\dot{I}_l$ 相应增大 $\dot{I}_l'$, $\dot{I}_U$ 与 $\dot{I}_l'$ 的矢量和也增大到 $\dot{I}_l'$,如图 3-15 中虚线所示,励磁电流增大,使得端电压上升;反之,负载电流 $\dot{I}_a$ 减小,则发电机端电压上升,但负载分量 $\dot{I}_l$ 相应减小,励磁电流减小,端电压下降。这样使得励磁电流随负载的变化而变化,起到复励作用,使发电机端电压恒定。

(2)负载电流 $\dot{I}_a$ 数值大小不变, φ 变化。由于电枢反应不仅与负载的大小有关,而且还与它的性质有关,因此,在功率因数滞后的情况下,它的去磁作用越大时,所需要弥补的励磁电流也就越大,这就要从相位上进行补偿。设置线性电抗器正是为了此目的。由于线性电抗器的电感量比起其自身的电阻要大很多,因此,可以将线性电抗器看成一个纯电感,流经线性电抗器的电流 $\dot{I}_U$ 在相位上滞后于发电机端电压 $\dot{U}$90°,线性电抗器起到了移相作用。若负载功率因数降低即 φ 增大到大 φ''(负载电流由 $\dot{I}_a$ 变化到 $\dot{I}_a''$,数值不变),则发电机端电压下降,但空载分量 $\dot{I}_U$ 和相应负载分量 $\dot{I}_l''$ 的矢量也增大到 $\dot{I}_l''$(如图 3-16 中虚线所示),使发电机端电压上升;反之,若负载功率因数增大,则端电压上升,但相应励磁电流减小,使端电压下降。可见,经过线性电抗器的移相作用,励磁电流正好满足功率因数变化的要求,保证发电机端电压恒定。

这种相位复式励磁系统,只要电抗器、电流互感器和整定电阻等元件参数恰当,励磁系统将自动地按发电机在不同负载条件下对励磁的需要进行调节,使发电机在不可控状态下的输出电压变化小于 10%。

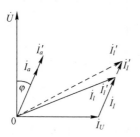

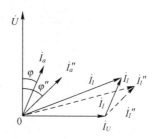

图 3-15 φ 不变时的励磁电流矢量图　　　　图 3-16 φ 改变时的励磁电流矢量图

相位复式励磁又可以分为可控相复励和不可控相复励两种方式。

如图 3-17 所示典型的可控相复励系统。电路中有调压控制电路,发电机运行于可控相复励状态,自动电压调节器被接入分流支路,通过控制自动电压调节器来调节分流大小,从而自动调整发电机的端电压。当发电机电压有降低趋势时,调节器自动减少分流值,励磁机励磁电流随之增大,从而使发电机电压维持不变。当发电机电压有升高趋势时,调节器则作相反的调节,使电压降低。

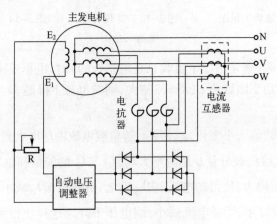

图 3-17　可控相复励系统

当调压电路中没有调压控制电路,发电机运行于不可控相复励状态,此时不可控整定电阻接入。这样的励磁装置也能较准确地提供在不同负载时所需的励磁电流,因而也能够自动维持电压在一定的范围内。不可控相复励系统的电路图如图 3-18 所示。

2)三次谐波励磁方式

实际上,三次谐波励磁就是副绕组励磁的一种形式,只是它的绕组在布线上对绕组的极距和节距有特殊的要求。

三次谐波励磁是在发电机定子槽内,除了主交流绕组外,再加装一组三次谐波绕组 S_1S_2(单相或三相),用以切割在气隙磁场中的三次谐波磁密而产生三次谐波电势,经可控硅整流后,再供给发电机转子绕组 F 励磁,三次谐波励磁系统如图 3-19 所示。

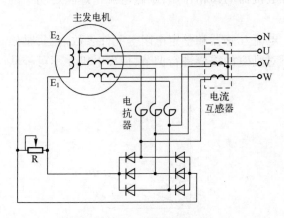

图 3-18　不可控相复励系统

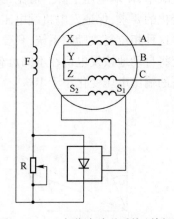

图 3-19　三次谐波励磁系统(单相)

在一般同步发电机的气隙磁场中,不同程度地存在三次及三次以上的高次谐波,尤其是不均匀气隙的凸极式发电机,磁极极弧约有占极距70%左右的部分对气隙是均匀的,而两个磁极间是空的,这样就使磁场的分布近于平顶波的形状,其中包含有较强的三次谐波作为励磁的能源。为了达到理想的三次谐波励磁,在电机设计时,使磁场的分布在空载和负载状态下具有一定数量的三次谐波分量,在定子槽中除主绕组外,再设计一套三次谐波励磁绕组,其极距为主绕组极距的1/3。对工频而言,由于三次谐绕组中的感应电势是 $3 \times 50Hz = 150Hz$ 的交流电(中频则为 $3 \times 400Hz = 1200Hz$),所以必须把它整流后才能送入发电机的励磁绕组中。

三次谐波励磁系统是自励系,失磁时也需要充磁。充磁之后,在三次谐波绕组中感应出三次谐波电势→整流→励磁→发电机的励磁上升,自励过程和并励直流发电机电压建立过程完全相似,最后由于磁路的饱和而达到稳定。

三次谐波电势有自动补偿电枢反应去磁作用的能力。

三次谐波电势具有随着发电机负载的增加或功率因数的变坏而相应升高的特性,使发电机具有一定的恒压能力,其固有调压调整率为 $\pm 5\% \sim \pm 10\%$。若再配上电压调节器装置,可以达到理想的调节率。

3)电枢绕组抽头引出励磁功率

有些同步发电机的电枢绕组设计带抽头式的,可以是单相的(如图3-5所示),也可以是三相的(如图3-17所示),由抽头处引出部分电枢绕组的电功率作为励磁功率。电枢绕组抽头的位置,由所需的励磁功率的大小决定。

4)副绕组励磁

在发电机定子槽内,除了主交流绕组外,再加装一组副绕组(可以是单相的,也可以是三相的),副绕组感应的是基波电势,这点与三次谐波励磁(是加装副绕组)有所不同。副绕组输出作为励磁电源,经可控硅整流后,再供给发电机转子绕组 F_1—F_2 励磁,副绕组励磁系统电路图如图3-20所示。

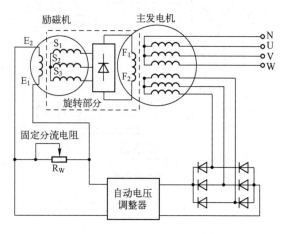

图3-20 副绕组励磁系统电路图

同步发电机组的电励磁方式应用非常广泛,实际中,发电机组的励磁方式并不一定是某单一励磁方式,常见的多是两种或两种以上的组合。军用电站常用的无刷励磁系统,常常是两种或两种以上励磁方式的组合。单相副绕组励磁 + 交流励磁机旋转整流器励磁方式组合系统电路如图 3-21 所示。

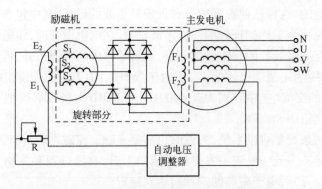

图 3-21　单相副绕组励磁无刷励磁系统电路图

3.2.3　无刷交流同步发电机组的工作过程

图 3-22 所示为一般无刷交流同步发电机组的结构框图。主发电机为旋转磁极式的三相同步发电机,而励磁机是旋转电枢式的三相多极交流发电机。图中,主发电机采用单相绕组抽头 $W_1 - N$ 提取励磁电压方式励磁,F_1—F_2 是主发电机的励磁绕组。交流励磁机有两个励磁绕组,一个为空载励磁绕组 E_1—E_2,另一个为复励励磁绕组 D_1—D_2。虚线框中是机组旋转部分。$TA_1 \sim TA_3$ 为电流互感器,RP_1 是复励励磁绕组的分流电阻。

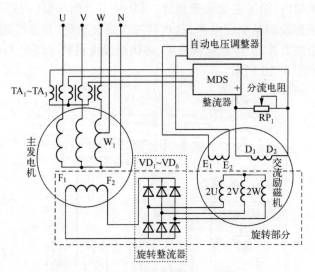

图 3-22　一般无刷同步发电机的结构框图

1. 空载时主发电机的自励过程

柴油机起动后,带动无刷交流同步发电机转子旋转。由于交流励磁机定子上有一个永久磁钢磁极,在转子交流励磁机电枢($2U$、$2V$、$2W$)上感应稍弱电势,并经三相旋转整流器 $VD_1 \sim VD_6$ 整流送到主发电机转子励磁绕组 F_1—F_2 上,使得主发电机定子绕组(U、V、

W),部分绕组 $W_1 - N$ 感应电势,感应的电势经单相整流桥(在 AVR 中)整流送到交流励磁机定子空载励磁绕组 E_1—E_2 上,使交流励磁机的定子磁场加强,因此继续提高交流励磁机电枢上的感应电势,此过程循环,使在主发电机定子绕组上的电压不断提高。与此同时,主发电机定子绕组(U、V、W)电压信号送到电压调节板(AVR)上,通过电压调节板自动控制大功率晶体三极管的输出电流,即调节交流励磁机的定子空载励磁绕组 E_1—E_2 中电流大小,若调整电阻 RP_1,可使主发电机绕组电压整定到额定值(此时柴油机转速为 1500r/min)。

2. 复励恒压基本原理

无刷交流同步发电机建立了正常的空载电压 U_0 之后,当有负载输出时,由于电枢反应的去磁作用和内部阻抗压降的影响,其端电压 U_f 必然要下降,因此,必须采取恒压措施。既然是负载电流 I_f 变化引起了发电机端电压 U_f 的变化,那么也就可以利用负载电流 I_f 进行复式励磁的方法,以附加电流来调整 U_f。

无刷同步发电机复式励磁原理,如图 3-23 所示,其调压作用是借助于电流互感器($TA_1 \sim TA_3$)组成的复励回路来实现的。当负载电流 I_f 增加引起端电压 U_f 下降时,负载电流 I_f 增加,三相电流互感器($TA_1 \sim TA_3$)的副边上产生的电流也增加,并经三相桥式整流器(MDS)整流送到交流励磁机定子复励励磁绕组(D_1—D_2)上,从而使交流励磁机转子绕组感应更大的电势,经旋转整流器 $VD_1 \sim VD_6$ 整流后送到主发电机转子励磁绕组 F_1—F_2 上,使主发电机定子绕组端电压 U_f 提高。同时通过检测信号,电压调节板(如图 3-23 中点虚线所框部分所示)不断控制大功率晶体三极管的输出电流(励磁电流的分流),从而使发电机的端电压保持在一定的精度范围内。

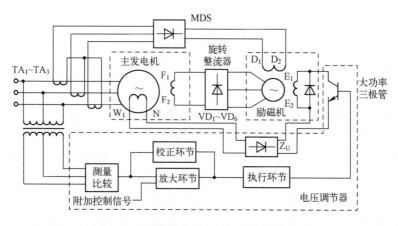

图 3-23 无刷同步发电机复式励磁原理图

若电压调节板出现故障,则可将自动、手动调压转换开关转到手动位置,手动调节电阻来调节发电机的端电压。手动调压精度低,完全依靠操作人员的反应能力,因此,手动调压只能应急使用,正常工作时,应采用自动调压方式。

军用电站中,考虑到可靠性,一般会安装两套电压调节器,互为备份。

除了电励磁方式,目前还有永磁励磁。与传统的电励磁方式相比,永磁励磁方式具有诸多优点,如转子上不需要布置励磁绕组,也就不需要通入直流电,转子结构简单,运行可靠;不通电则不存在电阻损耗,因此效率高;不需要集电环和电刷,减少了维护工作量和故障率;转子上永磁材料的形状和尺寸可以灵活多样,尤其是对于低速和高速电机更为适合。对于低速电机,由于极对数多,采用永磁材料励磁时没有传统的励磁绕组,故而节约了空间,电机的体积就可以做得更小。对于高速电机,由于永磁材料质量轻,高速旋转时离心力小,因而更适合高速运行。

3.3 同步发电机的调压原理

电气设备必须保持在额定电压下运行,保持一定的电压水平,是供电质量的重要指标之一。但是,实际上电压是经常变动的,因此需要采用自动电压调节器或自励恒压装置来调节发电机的端电压。

3.3.1 同步发电机电压变化的原因、后果及调压基本措施

负载变化时,由于同步发电机电枢反应的作用,必定会引起发电机端电压的变化。这一关系变化,可用同步发电机的电势矢量(图3-24)或下式表示:

$$\dot{U}_f = \dot{E}_0 - j\,\dot{I}_f X_t \tag{3-7}$$

式中:

$\dot{U}_f$——发电机端电压;

$\dot{E}_0$——发电机空载电势;

$\dot{I}_f$——发电机定子电流;

X_t——发电机同步电抗。

由图3-24或式(3-7)可见,如果发电机空载电势$\dot{E}_0$不变,当发电机负载电流$\dot{I}_f$的大小或性质变化时,则必将引起端电压$\dot{U}_f$变化。

由于同步发电机电枢反应的去磁作用及其内阻抗压降的影响,又由于军用移动电站中柴油发电机组(或汽油发电机组、燃气涡轮发电机组)的容量有限且发电

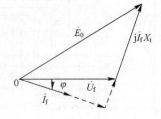

图3-24 同步发电机的电势矢量

机的负载变化较大,所以同步发电机的电压在无调压器时,变化是比较大的。

发电机电压的变化,无论对发电机本身还是负载,以及整个电站系统的运行,都是很不利的。电压偏低时,将使电流增大,电机发热,电动机(作为发电机的负载)的转矩M与电压U的平方成正比,若U下降10%,则M下降至80%;U下降10%,则灯光的光通量下降至70%;电压偏高时,则使设备寿命下降,电动机起动电流增大等,因此,维持发电机端电压在一定水平,是很重要的。

由式(3-7)可见,当负载电流$\dot{I}_f$变化时,要保持发电机端电压$\dot{U}_f$一定,唯有随之改变发电机的电势$\dot{E}_0$。发电机的电势为

$$\dot{E}_0 = 4.44 f W\,\dot{\Phi}_m \tag{3-8}$$

式中:W——发电机绕组匝数;

f——发电机频率；

$\dot{\varPhi}_{\mathrm{m}}$——发电机每极磁通。

由式（3-8）可见，当 W、f 为常数时，电势 $\dot{E}_0$ 的数值与磁通 $\varPhi_{\mathrm{m}}$ 成正比；要改变 $\dot{E}_0$，只有改变 $\varPhi_{\mathrm{m}}$。而磁通 $\varPhi_{\mathrm{m}}$ 由励磁电流 I_{L} 产生。故当负载电流 $\dot{I}_{\mathrm{f}}$ 变化时，要保持 $\dot{U}_{\mathrm{f}}$ 恒定，必须相应调节发电机的励磁电流 I_{L}。也就是要使励磁电流 I_{L} 随负载电流 $\dot{I}_{\mathrm{f}}$ 和功率因数 $\cos\varphi$ 的变化而变化，以补偿电枢反应的影响。如图 3-25 中发电机的调节特性 $I_{\mathrm{L}}=f(I_{\mathrm{f}})$ 所示。

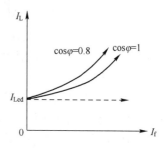

图 3-25　发电机的调节特性

在实际运行中，$\dot{I}_{\mathrm{f}}$ 和功率因数 $\cos\varphi$ 是经常变动的，必使 $\dot{U}_{\mathrm{f}}$ 也经常变动，要维持 $\dot{U}_{\mathrm{f}}$ 恒定，必须随负载电流 $\dot{I}_{\mathrm{f}}$ 和功率因数 $\cos\varphi$ 的变动，及时调节励磁电流 I_{L}，这一任务，由人工调节是很难快速、准确完成的，故必须采用自动电压调节。所谓自动电压调压，实质上就是调节励磁电流 I_{L}，故任何类型的自动电压调节器的基本作用，归根到底都是自动调节励磁电流 I_{L}。所以，同步发电机的自动电压调节器又称为自动调节励磁装置。

3.3.2　对调压器的基本要求

对自动电压调节器总的基本要求是，简单可靠；灵敏度高而稳定，保证电压为给定水平；调节迅速而很快稳定；具有一定的强行励磁能力；同样有效地反映电压的下降和电流的增大，合理地分配无功功率以及经济等。

1. 静态和动态特性

不断提高自动电压调节器的可靠性、静态特性及动态特性，是调压器研究的重要方向。自动电压调节器的静态和动态特性，是以调压器的静态电压调节率和动态电压调节率来表示的，这是衡量电压调节器的主要技术指标。

当负载在一定范围内变化时，在不同负载下，调压器应保证稳定状态时的电压在允许的范围内。这个静态指标，用静态电压调节率 ΔU_{j} 衡量，即。

$$\Delta U_{\mathrm{j}} = \max\left\{(U_{\mathrm{j\cdot max}} - U_{\mathrm{fe}})/U_{\mathrm{fe}}(U_{\mathrm{j\cdot min}} - U_{\mathrm{fe}})/U_{\mathrm{fe}}\right\} \times 100\% \qquad (3-9)$$

式中：$U_{\mathrm{j\cdot max}}$、$U_{\mathrm{j\cdot min}}$——分别为在规定的负载变化范围内，发电机电压的最大、最小稳定值；U_{fe} 为发电机额定电压。

当较大负载突变时，瞬时电压变化很大，此瞬时电压也要在规定的允许范围之内，而且恢复的时间越快越好。

在一般稳定调节的情况下，电压调节过程如图 3-26 所示。当 t_0 突然加载时，则电压突降。由于调压器及时调节，使电压在 t_1 时刻稳定在接近额定电压的数值。从 t_0 到 t_1 的时间间隔，即为电压恢复时间 t_{h}。

当负载突变时，从电压发生波动开始，到调压器维持发电机电压到一定值时，总是

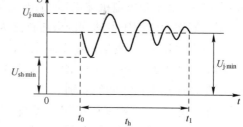

图 3-26　电压调节过程

要有一个调节的过程。这个动态指标,用瞬态电压调节率 ΔU_{sh} 和电压恢复时间 t_h 来衡量。

$$\begin{cases} \Delta U_{sh} = (U_{sh \cdot max} - U_{fe}) / U_{fe} \times 100\% \\ \Delta U_{sh} = (U_{sh \cdot min} - U_{fe}) / U_{fe} \times 100\% \end{cases} \qquad (3-10)$$

式中:$U_{sh \cdot max}$、$U_{sh \cdot min}$——分别为瞬态电压最大、最小值。

2. 强行励磁

电力系统的特点之一,是过渡过程非常快。当负载突然有很大增加或发生突然短路时,电压便会突然下降很多。这将给电力系统的运行带来许多问题,甚至可使电力系统丧失稳定。因此,从提高发电机并联工作稳定性和电动机运行稳定性以及继电保护装置动作的准确性等动态稳定的观点出发,要求调压器的动作要迅速。

解决上述情况的有效方法之一,是实行所谓强行励磁。即要求励磁系统应能保证在最短的时间内,能把励磁电流升到超过额定状态时的最大值,以使发电机电压迅速得到恢复。这要求调压器应具有一定的强行励磁能力,可用强行励磁倍数和发电机电压上升速率表示。

强行励磁倍数 K_q 系指强行励磁电流 I_{Lq} 与额定励磁电流 I_{Le} 的比值,即

$$K_q = I_{Lq} / I_{Le} \qquad (3-11)$$

一般 K_q 在 2~3 的范围内,即 $I_{Lq} = (2 \sim 3) I_{Le}$。

发电机电压上升速度,可用在某一小段时间内,发电机感应电势变化的平均速度 V_p 表示,即

$$V_p = \Delta E / \Delta t \qquad (3-12)$$

3. 放大系数 K_f

调压器的放大系数 K_f,是被调量的变化量与被测量的变化量的比值。K_f 数值的合理选取,对调压器完成它所担负的任务也是很重要的。一般来说,提高 K_f 可以提高发电机电压调节的静态特性和发电机静态功角特性。但是,当 K_f 过大时,将会使调压系统不稳定,甚至会影响整个电力系统运行的稳定性。因此,要求全面考虑,使调压器具有适当的 K_f 值。

3.3.3 调压方式

调压系统一般采用闭环自动控制系统,所调节的参数决定于检测的参数。为了保证大多数用电设备端电压均能较稳定,无论是直流供电系统还是交流供电系统的调压器,检测电路的输入端都是接在与发电机馈电线相连接的主汇流条端。所以,调压系统竭力保持该点电压(既不是发电机端电压,也不是某一用电设备的端电压)稳定,此点称为调压点。调压器竭力使调压点达到的电压称之为调定电压。

在正常工作下,由发电机端至调压点的距离较近,且用较粗截面馈电线连接,所以它们之间的电压差别较小。在本书中,为了便于集中讨论调压系统工作原理,将忽略发电机端电压与调压点电压之间的差别。

交流供电系统一般采用三相四线制(也有三线制),调压点有三个相电压与三个线电压。选取什么电压为被调量称为调压方式。对应不同的调压方式,有不同的检测方式。

1. 固定相(线)电压调节

固定相(线)电压调节应检测三相中某一相(或线)电压,其线路如图 3-27 所示,图中检测的是 C 相电压。此线路的调压器将保持 u_c 为调定值,而不管其他两相电压如何变化,也不管线电压或系统的正序电压如何变化。只要 u_c 为调定值,调压器就不会改变发电机的励磁电流。

这种电路的优点是比较简单,但三相负载不平衡时,虽然 C 相电压 u_c 为调定值,其他两相电压若不符合调定值,调压器并不会改变发电机的励磁电流。当 C 相负载发生故障使电压 u_c 降低时,调压器则会改变发电机的励磁电流,使电压上升,有可能使其他两相电压大大超过额定值而引起用电设备损坏。这种励磁方式一般应用较少。

2. 平均电压调节

平均电压调节应检测三个线电压的平均值,所测得电压大小并不单纯地决定于任何一相电压,而是由三相电压共同确定,如图 3-28 所示。一相电压的升高与其他两相电压的降低同时出现时,整流电压有可能不变。因此,整流电压不变时,并不意味着各相电压不变。可以证明,当经过降压、整流后得到的电压 U_d 与电源电压的算术平均值成正比。稳压管 VS 给电路提供了基准电压,U_d 经电阻 R 分压后,在电阻 R 上的 a 点得到与 U_d 成正比的电位,与 b 电位比较,在 a、b 两端得到偏差信号 U_{ab}。偏差信号经放大环节放大后,使执行环节改变发电机的励磁电流,从而使被调节量发电机电压 U_f 变化,以减少或消除偏差。

军用电站的负载大多是三相平衡的,所以在军用电站中,平均电压调节应用很广泛。

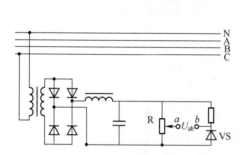

图 3-27　固定相(线)电压调节电路图

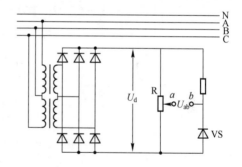

图 3-28　平均电压调节电路图

3. 最高相电压调节

最高相电压调节应检测三相相电压中最高的相电压,这是一种比较保守的调压方式。这种调压方式仍只能调节一相的电压,但不是固定的某相,而是使三相中最高相的电压为调定值。由于负载的波动,三相电压中总会有一相电压高于其他两相,调压器就检测这个最高的相电压,使它保持为调定值。

如图 3-29 所示为最高相电压调节的线路。变压器 T_1、T_2、T_3 的原边接成星形,其副边绕组中点抽头连接为半波整流电路,经电感、电阻、电容滤波后,变为与各相电压成正比的三个直流电压,然后分别通过二极管 VD_1、VD_2、VD_3 连接在一起,这样 b 点的电位只决定于电压最高的那一相,而其他两相的二极管都由于电压低而闭锁。左边的三相变压器整流器组为稳压管供电,建立一个基准电压,通过分压后与 b 点电位相比较,得到偏差信号 U_{ab}。

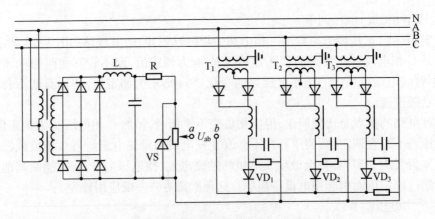

图 3-29 最高相电压调节电路图

4. 正序电压调节

正序电压调节检测的是三相（线）电压的正序分量。正序电压的检测需要一个正序电压滤序器，取出一个正比于正序电压的交流电压，整流后作用到调压器的检测比较电路上。正序电压滤序器的线路有多种，如图 3-30 中的右半部所示的就是其中一种。

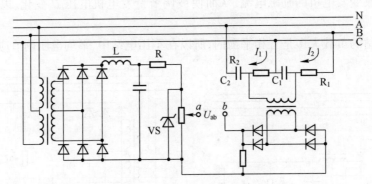

图 3-30 正序电压调节电路图

在军用电源中未发现使用正序电压调节方式，因此不再赘述。

3.3.4 电压调节系统的组成及工作原理

电压调节器通常由四个环节组成：检测（敏感）环节、基准及比较环节、放大环节、执行（操纵、控制）环节，如图 3-31 所示。当被调节量发电机电压 U_f 由于某种原因偏离额定值时，检测环节敏感这个变化，并输至比较环节与调定值即基准值相比较得出偏差信号；此信号经放大环节放大后，使执行环节改变发电机的励磁电流，从而使被调节量发电机电压 U_f 变化，以减少或消除偏差。

此外，为了增加系统的动态稳定性，可附加稳定环节；为了减小静态偏差，还可增加补偿环节；当发电机并联运行时，为了使无功功率均匀分配，要加均衡环节等。

关于调压器中各环节的构成，有的是一个电路或元件起几个环节的作用，也有几个电路或元件构成一个环节。

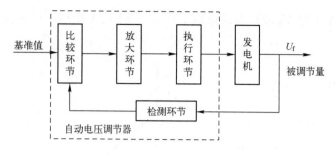

图 3-31　自动电压调节系统结构框图

1. 检测环节、基准及比较环节

检测环节、基准及比较环节是检测发电机输出电压的变化,并把其余基准电压相比较,产生偏差信号的电路。常将检测环节及比较环节合成为检测比较环节(简称检比环节),获得基准电压的元件称为基准元件。

电压调节器所采用的检测比较电路有多种形式,如图 3-32 所示为常见的一种电路。

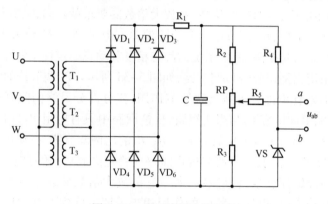

图 3-32　电压检测比较环节

检测比较环节由测量变压器 $T_1 \sim T_3$、多相整流器 $VD_1 \sim VD_6$、测量桥 R_2、RP、R_3、R_4 及稳压管 VS 等组成。

测量变压器 $T_1 \sim T_3$ 的一次侧接成星形,它的输入电压来自发电机输出端 U、V、W 输出的三相电压。整流后的电压经 R_1、C 滤波输至测量桥,电压测量桥的原理电路如图 3-33 所示,它由电阻 R_2、RP、R_3、R_4 及稳压管 VS 组成。输入电压 $U_{in} = KU_f$(U_f 为发电机端电压的平均值),稳压管 DW 的稳定电压 U_{VS} 为标准比较电压。

当 $U_{in} < U_{VS}$ 时,输出与输入的关系为

$$U_{ab} = \frac{R_4}{R_3 + R_3} \cdot U_{in} - U_{in} = -\frac{R_3}{R_3 + R_3} \cdot U_{in} \tag{3-13}$$

当 $U_{ab} > U_{VS}$ 时,输出与输入的关系

$$U_{ab} = \frac{R_4}{R_3 + R_3} \cdot U_{in} - U_{VS} \tag{3-14}$$

上述两式表示的 U_{ab} 与 U_{in} 的关系特性曲线如图 3-34 所示,当 $U_{in} < U_{VS}$ 时为图中的 OA 段,其斜率为负;当 $U_{in} > U_{VS}$ 时,为图中的 AB 段,稳压管 VS 两端的电压稳定在 U_{VS} 值。发电机电压信号 U_{in} 与给定值 U_{VS} 相比较,得到误差值 U_{ab}。这里,根据后面三极管 NPN 导

通的要求,应工作在与 AB 段延伸的横轴上面($U_{ab} > 0$),工作点设定在横轴或以上,才有调压能力。

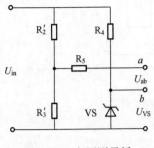

图 3-33　电压测量桥

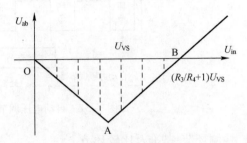

图 3-34　输入输出特性

2. 放大比较环节

在实际的电压调节器中,应用运算放大器作为放大环节较多。而运算放大器的应用,并不仅是单纯的放大,通常是放大比较环节。

在自动调节系统中,静态精度越高,对放大倍数的要求就越高,也就是说,一旦产生偏差,放大器应立即产生强烈的调节作用来消除偏差。但是,放大倍数太大,又会造成调节过程的不稳,容易引起振荡,所以系统的静态精度和动态稳定性常常是互相矛盾的。为此,在工程上常采用比例积分(PI)调节器,如图 3-35 所示。PI 调节器的输出由"比例"和"积分"两部分组成,比例部分迅速反映调节作用,积分部分最终消除静态偏差。当突加输入 U_{sr} 时,在开始瞬间电容 C_1 相当于短路,反馈回路中只有电阻 R_1,由于很强的负反馈而使放大倍数下降,相当于放大倍数为 $K_p = R_1/R_0$ 的比例调节器,在输出端立即呈现电压 $K_p U_{sr}$,可以立即起调节作用,并且调节过程缓慢而稳定。此后,随着电容 C_1 被充电,开始积分,放大器的负反馈深度也逐渐减弱,所以它的放大倍数又逐渐增大,输出 U_{sc} 线性增长,直到稳态。在稳态时,积分电容 C_1 的作用相当于把运算放大器输出和输入间的反馈回路断开,这时运算放大器的放大倍数就是它的开环放大倍数,数值很大。可见,PI 调节器相当于一个可以自动调节放大倍数的放大器,静态放大倍数高,动态放大倍数低,既能获得较高的静态精度,又能具有较快的动态响应,合理地解决了自动调节系统的稳定性与精度之间的矛盾,因而得到了广泛的应用。

在实际工程应用中,也常引入微分负反馈,采用比例积分微分(PID)调节器,即比例 + 积分 + 微分的调节器,微分环节如图 3-35 中的虚线所示。微分调节能在偏差信号出现或变化的瞬时,立即根据变化的趋势产生强烈的调节作用,使偏差信号尽快地消除在萌芽状态之中,起到超前控制的作用。在 PID 三作用调节器中,微分作用主要用来加快系统的动作速度,减小超调,克服振荡。

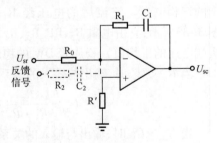

图 3-35　比例积分调节器

军用电站中电压调节器中常采用 PI 放大器作为放大环节。

3. 执行环节

同步发电机调压的实质是调励磁电流,因此,执行环节的根本就是如何控制励磁电流

76

使之随发电机端电压的变化而变化。

常见的控制励磁电流的方法有两类,一类是将控制元件串联于励磁回路,即串控回路,通过改变控制元件的导通与截止时间改变励磁电流的大小,励磁线圈两端要接一个续流管;另一类是在励磁线圈两端连接分流电路,通过控制分流电路中控制元件的导通与截止时间改变分流的大小,以此调节励磁电流。

无论是串控还是分流,控制励磁电流的元件都采用大功率管,如 IGBT,大功率三极管、可控硅等。大功率管的导通与截止控制电路有多种,如图 3-36 所示为应用大功率三极管(VT_4 与 VT_6 组成达林顿驱动电路)的电压自动调节电路框图。

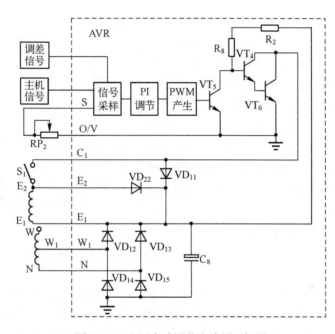

图 3-36　电压自动调节电路原理框图

移相触发电路是一种常用的大功率管控制电路。移相触发电路的作用是产生导通可控硅 SCR 用的触发脉冲,该触发脉冲产生的早晚受电压测量比较回路输出的电压大小控制。

以移相触发电路核心元件是单结晶体管(DJG)为例。单结晶体管的结构是在一块高电阻率的 N 型硅半导体基片上,引出两个欧姆接触的电极:第一基极 b_1 和第二基极 b_2,如图 3-37 所示。在两个基极简靠近 b_2 处,用合金法或扩散法渗入 P 型杂质,引出发射极 e。单结晶体管共有上述三个电极。当 b_2、b_1 间加正向电压后,e、b_1 间呈高阻特性。但是当 e 的电位达到 b_2、b_1 间电压的某一比值时,e、b_1 间立刻变成低电阻,这是单结晶体管最基本的特点。

单结晶体管的伏安特性如图 3-38 所示。曲线①是单结晶体管第一基极 b_1 和第二基极 b_2 之间不加电压时的伏安特性,与普通二极管的正向伏安特性相似。曲线②是单结晶体管 b_2 极 b_1 极间加正向电压 U_{bb} 时的伏安特性,它被分为截止区、负阻区及饱和区。

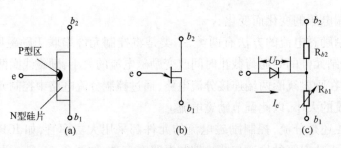

图 3-37 单结晶体管的结构特点

（a）结构示意图；（b）符号；（c）等效电路

图 3-38 中，从截止区转变为负阻区的转折点 P 称为伏安特性峰点，P 点所对应的发射极电流 I_p 称为峰点电流，P 点对应的电压 U_p 称为峰点电压。图中 $\eta = R_{b1}/R_{b2}$ 为分压比，是单结晶体管的一个重要参数。导通后单结晶体管形成正反馈，即进入伏安特性的负阻区域。伏安特性的最低点 V 称为单结晶体管伏安特性的谷点，V 点对应的电压 U_v 称为谷点电压，对应的电流 I_v 称为谷点电流。U_v 是维持单结晶体管导通的最小电压，一旦 $U_e < U_v$，单结晶体管将由导通变为截至。

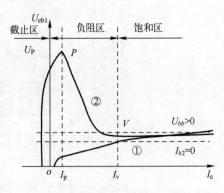

图 3-38 单结管的伏安特性

1）单结晶体管自振荡电路

利用 RC 可组成单结晶体管自振荡电路，用于触发可控硅的导通。单结晶体管自振荡电路如图 3-39 所示。

假设在电源 E_b 接通前电容 C_2 上的电压为零。接通电源 E_b 后，经过 R_7、R_e 对电容 C_2 充电，则 U_c 以时间常数 RC_2（$R = R_7 + R_e$）按指数规律上升。当 $U_c = U_p$ 即达到峰点电压 U_p 时，单结晶体管导通，C_2 通过 e_{b1} 结向电阻 R_9 放电，在 R_9 上输出一个脉冲电压 U_g。C_2 的放电时间常数近似为 R_9C_2，远小于充电时间常数，故放电过程进行得很快，U_c 快速下降，U_g 也随之下降。当 C_2 放电到 $U_c = U_v$ 谷点电压时，单结晶体管截止，输出脉冲电压 U_g（ $= U_0$）结束。此后，电容 C_2 又重新充电，电路重复上述过程，结果在电容 C_2 上形成锯齿波电压，在电阻 R_9 上输出系列脉冲 U_g，波形如图 3-40 所示。

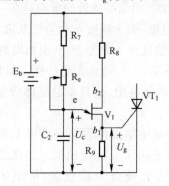

图 3-39 单结管自振荡电路

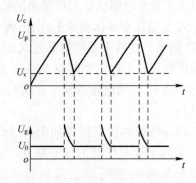

图 3-40 输出脉冲电压 U_g 的波形

改变电阻 R_e 可以改变电容充电的速度,从而改变电路的自振荡频率。当 R_e 减小时,电容器 C_2 充电速度加快,U_{eb_1} 达到峰点电压 U_p 的时间提前,锯齿波和输出脉冲的频率就升高,当 R_e 增大时,情况与上相反。

2)振荡条件

需注意,R_e 的值太大或太小时不能使电路振荡。要使电路产生稳定的振荡,电阻 R_e 的选择应满足以下两个条件:

① 当 $U_{eb1} = U_p$ 时,流入单结晶体管发射极电流必须大于峰点电流 I_p,以确保 eb_1 结导通。由图 3-40 可得

$$\frac{E_b - U_p}{R_7 + R_e} > I_p \tag{3-15}$$

因为 $R_{bb} > R_9$ 和 R_8,可认为 $E_b \approx U_{bb}$,故式(3-15)可写为

$$\frac{U_{bb} - U_p}{R_7 + R_e} > I_p \tag{3-16}$$

② 当 $U_{eb_1} = U_v$ 时,流过单结晶体管发射极的电流应小于谷点电流 I_v,以确保 eb_1 结可靠截止。同理可得

$$\frac{E_b - U_V}{R_7 + R_e} < I_V \quad \text{或} \quad \frac{U_{bb} - U_V}{R_7 + R_e} < I_V$$

由此可知,为了使自振荡电路稳定地工作,R_e 必须在下列范围内选取:

$$\frac{U_{bb} - U_V}{I_V} - R_7 < R_e < \frac{U_{bb} - U_p}{I_p} - R_7$$

3)振荡频率

若把 U_c 从零上升到 U_p 的时间近似地当作锯齿波的周期 T。U_c 的变化规律为

$$U_c = E_b \left(1 - e^{-\frac{t}{RC_2}} \right) \tag{3-17}$$

当 $t = T$ 时,$U_c = U_p$,故得

$$U_p = E_b \left(1 - e^{-\frac{T}{RC_2}} \right) \tag{3-18}$$

因为 $E_b \approx U_{bb}$,单结晶体管的峰点电压可写成

$$U_p = \eta U_{bb} + U_D \approx \eta E_b + U_D \approx \eta E_b \tag{3-19}$$

由式(3-18)和式(3-19),可得

$$\eta E_b \approx E_b \left(1 - e^{-\frac{T}{RC_2}} \right) \tag{3-20}$$

经整理化简后可得锯齿波的周期为

$$T \approx RC_2 \ln \frac{1}{1 - \eta} \tag{3-21}$$

单结晶体管自振荡电路的振荡频率为

$$f = \frac{1}{T} = \frac{1}{RC_3 \ln \dfrac{1}{1 - \eta}} \tag{3-22}$$

式(3-22)表明,单结晶体管自振荡电路的振荡频率主要取决于电容器 C_2 的充电时间常数 RC_2 和单结晶体管的分压比 η,而与电源电压 E_b 的大小基本无关。

实际应用中,用晶体管代替电位器 Re 实现自动移相。在 TST 电压调节器中移相

触发电路的就是如此。TST 电压调节器中移相触发电路如图 3-41 所示,这里用晶体管 VT_1 和 VT_2 组成的复合管代替电位器 R_e 实现自动移相。单结晶体管 DJG 和晶体管的直流工作电源,取自发电机输出端 D_1、D_2、D_3,经降压变压器 T_1 降压,整流器 VD_{13} ~ VD_{18} 整流,稳压管 VS_1 进行稳压削波,电阻 R_{11}、电容 C_4 滤波后,供给移相触发电路工作电压。

该电路的输入信号是电压测量比较环节的输出信号 U_{SC}。当 $U_{SC}=0$ 时,晶体管 VT_1、VT_2 都截止,无触发脉冲输出;当 U_{SC} 增大时,V_2 等效内阻减小,触发脉冲 U_g 提前产生。当 U_{SC} 减小时,V_2 等效内阻增加,触发脉冲 U_g 迟后产生。当 U_{SC} 一定时,触发脉冲 U_g 产生的时间不变,脉冲相位不变。

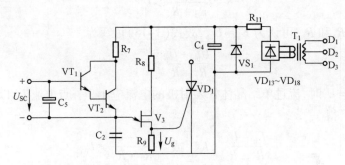

图 3-41　TST 电压调节器中移相触发电路

3.3.5　AVR 电压调节器实例

下面以某自动电压调节器为例,介绍其组成和工作过程。

1. 电压调节器的组成

该电压调节器 AVR(Automatic Voltage Regulator)由电压信号取样环节、基准比较环节、PI 调节环节、PWM(Pulse Width Modulation)脉宽调制环节、输出控制环节及工作电源等组成,如图 3-41 所示。

电路原理,该自动电压调节器又可分为电压信号采样电路、比例积分调节电路、PWM 波形成电路、小功率三极管放大输出电路、大功率三极管串控电路及直流电源电路。

1) 电压信号采样电路

图 3-42 中,T_1、T_2、T_3 为三个单相降压变压器降压,用于信号采样,其原边接至发电机的三相输出端 U、V、W。发电机输出电压经变压器 T_1、T_2、T_3 降压后,再经 VD_1 ~ VD_3、VD_8 ~ VD_{10} 六个二极管组成的三相桥式全波整流,得到与发电机端三个线电压平均值成正比的直流电压,该电压经电阻 R_4、R_9、R_{19}、R_{21} 及电位器 R_{15} 分压后由 A 点输出作为采样信号 U_A,则 A 点的电位将随发电机线电压的变化而相应变化。图中的电容 C_5、C_7 用于滤波。

图 3-42 中 X3-7 和 X3-8 连接至调差互感器的输出,发电机工作于有差调节方式,调差互感器的输出由 I-I* 引入,在电位器 R_7、电阻 R_{24} 两端形成调差信号。该调差信号与电压采样信号叠加到一起,作为整流桥的输入。

图 3-42 中 X3-5 和 X3-9 连至外部调压电位器。由于外部调压电位器与电阻 R_{21} 并联,调节调压电位器也就改变了采样信号的大小。

2）比例积分调节电路

图 3-42 中由集成运算放大器 U_2:A 构成差动 PI 调节器。由信号采样电路得到的电压 U_A 经输入电阻 R_{11} 输入至比例积分放大器的同相输入端 3 脚，而其反相输入端 2 脚则输入一固定的偏置基准信号 U_B。该信号由三端集成稳压器 U_1 提供。U_1 输出的稳定直流电压经电阻 R_{10}、R_{17}、R_{22}、R_{20} 分压由 B 点输出基准信号 U_B。图中，C_6 为滤波电容。

电阻 R_3、电位器 R_5 为比例反馈电阻，电容 C_4 为积分电阻。为了避免过大的零点漂移，有意把放大倍数降低一些，在比例积分阻容两端并联了硬反馈电阻 R_6，所以实际采用的是近似 PI 调节器。

R_{22} 为电压整定电位器，调节 R_{22} 即改变了基准电压 U_B，即改变了发电机的整定电压。稳压管 VT_7 用于限制整定电压的范围。如当电位器 R_{22} 调得过小（极限情况是调至 0 时，相当于将电阻 R_{17} 也短路），则 B 点的电位增大。若 B 点的电位超过稳压管的额定值，将使稳压管 VT_7 击穿，限制 U_B 在稳压管 VS_1 的稳压点上，确保输出电压在一定范围内。

PI 差动电路将输入信号放大、整形，输出一个直流电压上叠加有交流分量的纹波电压。

3）PWM 波形成电路

PWM 波形成电路由集成运算放大器 U_2:D 组成。从图 3-42 中可以看出，U_2:D 为一精密比较器电路，PI 放大器的输出经电阻 R_{12} 接至其同相输入端（引脚 12），而 U_B 通过电阻 R_{18} 接至其反相输入端（引脚 13），其基准值也是 B 点电位。PI 放大器的输出与基准电压 U_B 比较，当 PI 放大器的输出大于 U_B 时，U_2:D 输出为正；当 PI 放大器的输出小于 U_B 时，U_2:D 输出为 0，因此，U_2:D 输出一系列矩形波，即 PWM 波。PWM 波的宽度（占空比）由 PI 放大器的输出与基准电压 U_B 的交点决定的，它会随着发电机的端电压的变化而变化，即 U_2:D 输出的 PWM 波的脉宽得以调制。图中，C_9 为滤波电容。

4）小功率三极管放大输出电路

小功率三极管放大输出电路是指三极管 VT_5、上拉电阻 R_8 等相关电路。当 U_2:D 输出为正时，NPN 三极管 VT_5 饱和导通，其集电极被箝位为低；当 U_2:D 输出为负时，三极管 VT_5 截止，则其集电极经电阻 R_8 上拉为高。可见 VT_5 在起到功率放大的同时对 PWM 进行了反相。R_{14}、C_{11} 组成的是加速电路。

5）大功率三极管串控电路

大功率三极管 VT_4 和 VT_6 组成达林顿驱动电路，直接串联接入励磁机的空载励磁绕组回路，调节励磁机的输出电压，即调节了主发电机的输出电压大小。

当 VT_5 截止集电极输出为高时，VT_4、VT_6 均饱和导通，接通励磁机空载励磁绕组的直流励磁电源；当 VT_5 饱和导通集电极输出为低时，VT_4、VT_6 均截止，切断了励磁机空载励磁绕组的直流励磁电源。

6）直流电源电路

直流电源电路包括两部分。主发电机中心抽头 W_1 由 X3-3 和 X3-6 引入，经二极管 VD_{12}～VD_{15} 组成的整流电路整流，再由电容 C_8 储能滤波后，一部分直接由 X3-1（E_1）输出，用于励磁机空载励磁绕组的直流励磁电源，另一部分经电阻 R_2 作为三极管的工作电源和三端集成稳压器 U_1 的输入电源。三端集成稳压器的输出为运算放大器的工作电源和基准信号的电源。

图 3-42 中，C_1、C_2、C_3 为滤波电容。

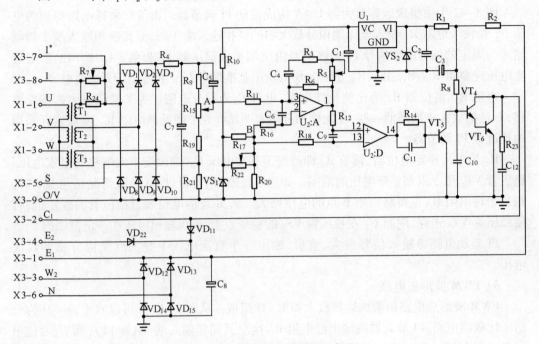

图 3-42　电压调节器原理电路图

2. 电压自动调节器原理

自动电压调节器与外接调压电位器 RP_1、调节板 1/调节板 2 选择开关 S_1 及励磁机空载励磁绕组 $E_1 - E_2$ 的连接关系如图 3-43 所示。

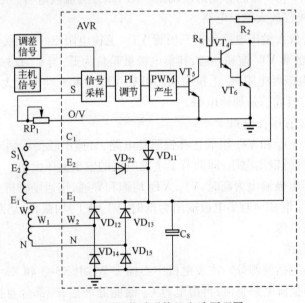

图 3-43　空载励磁绕组电路原理图

由此可知空载励磁绕组 $E_1 - E_2$ 的励磁回路如下：

二极管 $VD_{12} \sim VD_{15}$ 整流桥"＋"端→调节板 E_1→励磁绕组 $E_1 - E_2$→调节板 1/调节板 2 选择开关 S_1→调节板 C_1→三极管 VT_4、VT_6→地(整流桥"一"端)。

当三极管 VT_4、VT_6 截止时,励磁绕组 $E_1 - E_2$ 通过调节板 C_1、调节板 E_1,由二极管 VD_{11}、VD_{22} 并联组成续流电路,维持励磁电流的连续性。

自动电压调节器工作时,采样信号与基准信号经差动 PI 调节器放大后,输出一个叠加有交变电压的可变直流电压,该电压信号经 PWM 波形成电路转换为占空比随发电机端电压的变化而变化 PWM 信号。当 PWM 信号为高时,三极管 VT_5 饱和导通,则 VT_4、VT_6 都截止,此时励磁绕组 $E_1 - E_2$ 经二极管 VD_{11}、VD_{22} 并联续流。当 PWM 信号为低时,三极管 VT_5 截止,则 VT_4、VT_6 都饱和导通,此时,二极管 $VD_{12} \sim VD_{15}$ 整流桥输出通过 VT_4、VT_6 给励磁绕组 $E_1 - E_2$ 提供直流电源。总之,PWM 信号为高,励磁绕组 $E_1 - E_2$ 经二极管 VD_{11}、VD_{22} 并联续流;PWM 信号为低,主发电机中心抽头 W1 电压经整流后给 $E_1 - E_2$ 提供直流电源,亦即 PWM 信号占空比越小,励磁绕组 $E_1 - E_2$ 中的电流越大。这样,通过 PWM 信号控制励磁机空载励磁绕组 $E_1 - E_2$ 中的电流大小,调节励磁机输出电压,从而调节了主发电机的励磁电流,达到调节主发电机输出端电压大小的目的。

例如,当负载增加时,发电机的端电压下降,则调节板采样信号减小,差动 PI 调节器输出电压降低,PWM 信号占空比减小,则励磁绕组 $E_1 - E_2$ 中的电流增加,交流励磁机输出电压上升,从而使主发电机的励磁电流增加,主发电机输出电压上升,从而克服了电压下降的趋势,维持发电机端电压基本不变。

当负载减小时,调节过程与上述相反。

工作过程中,当发电机输出电压偏离额定值时,调节板外接的调压电位器 RP_1 旋转,以调节采样信号的大小,来改变调节器的工作点,从而调整发电机的端电压在额定范围内。

综上所述,通过对发电机励磁电流的控制,实现对发电机输出电压进行自动调节,保证发电机输出稳态电压调整率不大于 $\pm 2\% U_e$。

第4章 机组控制技术

各行对移动电站的要求大致为操作简单,故障率低,能随时起动、及时供电,安全可靠,运行经济,供电质量满足用电设备要求。现代武器系统则对电源提出了更高的要求,作为提供电能的发电机组,只有具有较高的自动化机组控制技术,才能满足系统要求。

机组控制装置应对机组具有本控和遥控供、断电功能,具有过压、欠压、超压、过频、欠频、过流及短路、油温、油压、缸温、超速等保护功能。对燃油量低、空滤负压等有提示性报警信号。并联机组能检测和调整待并机组的电压、频率和相位,保证在并联合闸时没有冲击电流;运行中能控制柴油发电机的全自动有功负荷分配和无功负荷分配。

4.1 发电机组控制器

发电机组控制器主要用于单台柴油发电机组自动化控制及监控,可实现发电机组的自动开/停机、数据测量及显示、报警、保护及"三遥"功能。控制器经历了继电器控制、晶体管逻辑控制、数字集成逻辑控制、微机控制或可编程序控制器(Programmable Logical Controller,PLC)控制等几个阶段。基于微机或 PLC 的机组控制器结构紧凑、接线简单,通用性强,电磁兼容性好,可靠性高,广泛适用于各类柴油发电机组自动化系统。

4.1.1 发电机组控制器的状态信号

发电机组控制器的状态信号按照功能可以分为自动开机/停机信号、柴油机工况信号、发电机工作状态信号和其他信号。

1. 自动开/停机信号

自动开/停机信号主要包括:主电源异常(包括失电、缺相和电压值超差等)以及用户按照机组的特定用途而设置的其他机组启动的必需信号。这些信号以某种逻辑组合方式送入控制器。当其逻辑值为"1"时,机组自启动,并按规定的控制流程动作;当其逻辑值为"0"时,机组延时自动停机。电源异常信号的检测,通常采用断相保护器和电压比较器等,对于某些自带电量检测装置的控制器,电源信号的检测在控制器内部进行,不需要外接检测装置。

2. 柴油机工况信号

除发动机柴油机的工况位置(如自动工况、手动工况)外,需要检测的柴油机工况还包括启动是否成功、柴油机转速是否正常、润滑油压力有无异常和柴油机温度是否过高或过低等。为对柴油机进行保护,当启动失败、柴油机超速、润滑油压力过低或柴油机温度过高时,柴油发电机组将自动停机并报警,同时系统自动锁定,未经人工干预处理(解锁),以后即使收到启动信号,机组也不会自动启动。柴油机工况信号的检测,通常通过专门的传感器,如转速传感器、压力传感器和温度传感器等。

3. 发电机状态信号

为了向负载安全供电,需要检测发电机的状态信号,例如发电机的电压、电流、频率和自动切换系统(ATS)的状态。当上述电量超差时,要有相应的保护措施,以免降低发电机的供电质量或造成严重事故损坏发电机。

4. 其他信号

作为柴油发电机组闭环控制系统,还需检测蓄电池电压和充电电压、燃油液位、润滑油的液面高度、冷却液温度和液面高度等,以保证机组始终处于工作或备机状态。

4.1.2 PLC 控制系统

1987 年,美国电气制造协会给出的可编程序控制器的定义为:可编程序控制器是一种带有指令存储器和数字或模拟输入/输出(I/O)接口,以位运算为主,能完成逻辑、顺序、定时、计数和算术运算功能,用于控制机器或生产过程的自动控制装置。

PLC 基本硬件结构包括微处理器(CPU)、I/O 模块、存储器、电源和编程器等。CPU是 PLC 的核心,按 PLC 系统程序赋予的功能读入被控对象的各种工作状态,然后根据用户所编制的应用程序要求处理有关数据,再向被控对象送出相应的控制或驱动信号。I/O 模块集成了 PLC 的 I/O 电路,其输入暂存器反映输入信号状态,输出点反映输出锁存器状态。存储器是保持系统程序和用户程序的器件。电源用于向 PLC 各模块提供所需工作电源。编程器主要用于对用户程序进行编辑、输入、检查、调试和修改,并可用来监视PLC 的工作状态。

PLC 编程语言易于编写和调试,常用的编程语言有梯形图程序、功能块图程序和语句表程序。各厂家编程语言并不兼容,但不管什么型号的 PLC,其编程语言都具有形式指令结构、明确的变量常数、简化的程序结构、简化的应用软件生产过程和强化的调试手段等特点。

总结起来,PLC 具有以下六个特点:

(1)可靠性高,抗干扰能力强。用程序来实现逻辑顺序和时序,最大程度地取代传统继电接触控制系统中的硬件线路,大大减少机械触点和连线的数量。PLC 在结构设计、内部电路设计、系统程序执行等方面都给予了充分的考虑。

(2)丰富的 I/O 接口模块。PLC 针对不同的工业现场信号,有相应的 I/O 模块与工业现场的器件或设备,并且具有多种人机对话接口模块及通信接口模块。

(3)采用模块化结构。为了适应各种工业控制需要,PLC 大多采用模块化结构,包括CPU、电源、I/O 等均采用模块化设计,系列化生产,品种齐全。控制系统的规模和功能可根据用户的需要自行组合。

(4)编程方便,易于使用。PLC 的编程采用与继电器电路极为相似的梯形图语言,直观易懂,深受现场电气技术人员的欢迎,使用户的组织及下载工作更加方便。

(5)安装简单,维修方便。使用时只需将现场的各种设备与 PLC 相应的 I/O 端连接,即可投入运行。各种模块上均有运行和故障指示装置,便于用户了解运行情况和查找故障。

（6）体积小、质量轻，易于实现机电一体化。PLC 常采用箱体式结构，易于安装在控制箱或运动物体中，可大大减少机械的结构设计，有利于实现机电一体化。

1. S7－200 PLC

S7－200 PLC 是西门子公司推出的整体式小型 PLC，由于其结构紧凑、功能强，具有很高的性价比，在中小规模控制系统中应用广泛，适用于检测、监测及控制自动化系统。

S7－200 PLC 将微处理器、集成电源、输入电路和输出电路集成在一个紧凑的外壳中，从而形成了一个功能强大的控制器。在下载了程序之后，S7－200 PLC 将保留所需的逻辑，用于监控应用程序中的 I/O 设备。

S7－200 PLC 的用户程序中包括了位逻辑、计数器、定时器、复杂数学运算以及与其他智能模块通讯等指令内容，从而使它能够监视输入状态，改变输出状态以达到控制目的。紧凑的结构、灵活的配置和强大的指令集使其成为各种控制应用的理想解决方案。

S7－200 PLC 提供了多种类型的 CPU 以适应各种应用，并具有集成的 24V 负载电源，它可以直接连接到传感器、变送器和执行器，CPU221、CPU222 具有 180mA 输出，CPU224、CPU224XP、CPU226 分别输出 280mA 或 400mA 电流，可用作负载电源。输出电路包括晶体管输出和继电器输出。S7－200 系列 PLC CPU 主要技术参数如表 4-1 所列。

表4-1　S7－200 系列 PLC CPU 主要技术参数

特　性	CPU221	CPU222	CPU224	CPU224XP CPU224XPsi	CPU226
外形尺寸/mm	$90 \times 80 \times 62$	$90 \times 80 \times 62$	$120.5 \times 80 \times 62$	$140 \times 80 \times 62$	$190 \times 80 \times 62$
程序存储器带运行模式下编辑/B	4096	4096	8192	12288	16384
程序存储器不带运行模式下编辑/B	4096	4096	12288	16384	24576
数据存储器/B	2048	2048	8192	10240	10240
掉电保护时间/h	50	50	100	100	100
本机数字量 I/O	6 入/4 出	8 入/6 出	14 入/10 出	14 入/10 出	24 入/16 出
本机模拟量 I/O				2 入/1 出	
扩展模块数量	0 个模块	2 个模块	7 个模块	7 个模块	7 个模块
单相高速计数器	4 路 30kHz	4 路 30kHz	6 路 30kHz	4 路 30kHz 2 路 200kHz	6 路 30kHz
两相高速计数器	2 路 20kHz	2 路 20kHz	4 路 20kHz	3 路 20kHz 1 路 100kHz	4 路 20kHz
脉冲输出（DC）	2 路 20kHz	2 路 20kHz	2 路 20kHz	2 路 100kHz	2 路 20kHz
模拟电位器	1	1	2	2	2
实时时钟	卡	卡	内置	内置	内置
通信口	1　RS－485	1　RS－485	1　RS－485	2　RS－485	2　RS－485

特　　性	CPU221	CPU222	CPU224	CPU224XP CPU224XPsi	CPU226
浮点数运算	是				
数字 I/O 映像大小	256（128 输入/128 输出）				
布尔型执行速度	0.22ms/指令				

S7 – 200 PLC 还可根据需求添加数字量模块、模拟量模块和智能模块等扩展模块完善 CPU 功能。S7 – 200 PLC 使用 STEP8 – Micro/WIN 编程软件，支持 Windows 使用环境，可完成用户程序的创建、编辑、调试及系统组态等功能，人机界面友好，使用方便。

2. 基于 S7 – 200 PLC 的机组控制器

采用西门子 S7 – 226 PLC 作为控制器，实现发电机组自动控制功能，PLC I/O 电路如图 4–1 所示。

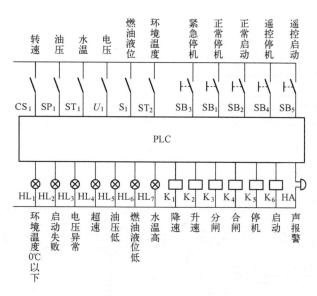

图 4–1　PLC I/O 电路

PLC 控制系统的输入信号有遥控启动信号、遥控停机信号、正常启动信号、正常停机信号、紧急停机信号、机组超速信号、润滑油压力低信号、冷却水超温信号、输出电压欠压或过压信号、燃油液位过低信号和环境温度过低信号等。

PLC 控制系统的输出信号有机组启动信号、机组停机信号、合闸信号、分闸信号、升速信号、降速信号、声音报警信号、环境温度 0℃ 以下信号、启动失败信号、电压异常信号、超速信号、油压低信号、燃油液位低信号、水温高信号等。

输入信号中，转速、油压、水温、电压、燃油液位、环境温度等异常输入信号均由相应传感器采样值与设定值进行比较后得到。

PLC 软件具有自启动、自动送电、调速、调压、状态监控及保护功能。PLC 机组控制原理流程图如图 4–2 所示。

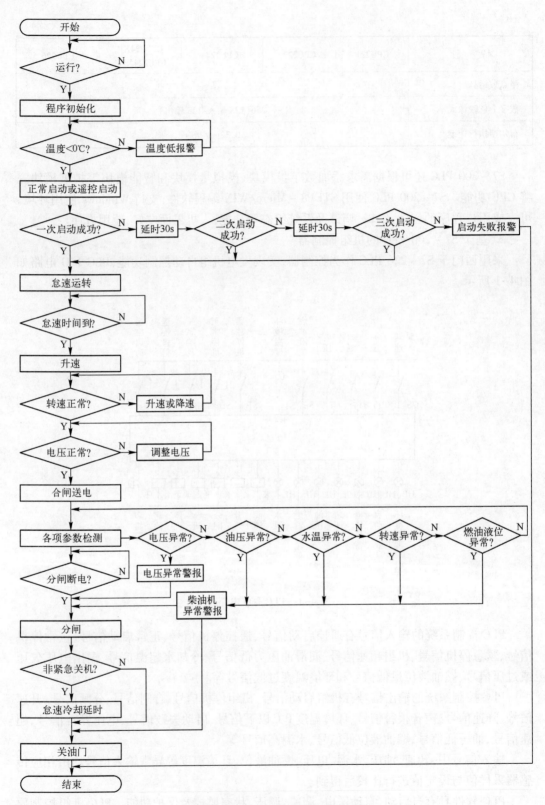

图 4-2 PLC 机组控制原理流程图

4.1.3 专用机组控制器

以某型柴油机控制器为例,其安装在控制柜上,是包括仪表、控制、远程监控的全自动化产品,集电子计算机技术、工业自动化控制技术和现代通信技术为一体。控制器是一个智能控制系统,其检测、控制、保护均智能化。柴油机控制器输出启动供油信号给柴油机,机组自动启动;传感器将油压、缸温、速度等信号输入柴油机控制器检测正常后,送出运行信号,柴油机运行。柴油机控制器由发动机启动电池提供工作电源,工作电压为 8～32V,其宽容度可避免受发动机起动时电压降的影响。柴油机控制器原理框图如图 4-3 所示。

1. 功能

柴油机控制器的基本功能是用作控制和监察柴油发电机组。

(1)柴油机控制器提供手动程序控制、自动程序控制、遥控等控制模式。

(2)可设定柴油机的过程控制时间,包括:预热或预润滑时间、启动延时时间、启动限时、启动电机脱离转速、急速运行时间、升速过程时间、冷却停机时间。

(3)可任意设定柴油机的额定转速值,自动监视发动机在启动、急速、升速、全速等过程的速度变化,完成启动电机的投入与撤出、速度过高与过低的预报警及超限停机等。

(4)可设定报警限定值,自动实现超限预报警(不停机)、报警同时自动停机。

预报警的项目包括:超速、低速、低油压、高冷却温度、低气温(低于 4℃)、低电池电压、高电池电压、转速信号未校准。

自动报警并停机的项目包括:超速、低速、低电压、高冷却温度、启动失败、停机失败、油压传感器开路、温度传感器开路或短路、速度传感器开路。

(5)柴油机运行状态显示。根据系统运行情况,显示设备当前所处的状态,包括守候、开机、供油、启动、启动延时、急速延时、正常运行、冷却停机、紧急停机(控制模块的上边输出灯显示当前运行状态)。

(6)柴油机运行参数测量显示在系统运行过程中,显示的有关参数值,包括转速、冷却温度、润滑油压力、电池电压及通过副显示屏翻页显示运行时间。

(7)柴油机报警状态显示:当系统出现故障报警,在面板相应位置显示所出现的故障,说明报警类型(预报警或报警)以及报警原因。

(8)柴油机参数设置:显示当前系统设置的各个参数值,包括起动/停机过程延时状态设定值、运行速度控制设定值和全部的报警、预警参数设定值。

2. 柴油机控制器工作流程

柴油机控制器由输入电路、输出电路、模拟(A/D)转换电路、显示控制电路、CPU/I/O处理电路、输出驱动电路、通信控制电路、电源等组成,柴油机控制器的组成和工作流程如图 4-4 所示,图中给出了柴油机控制器主屏显示信息。

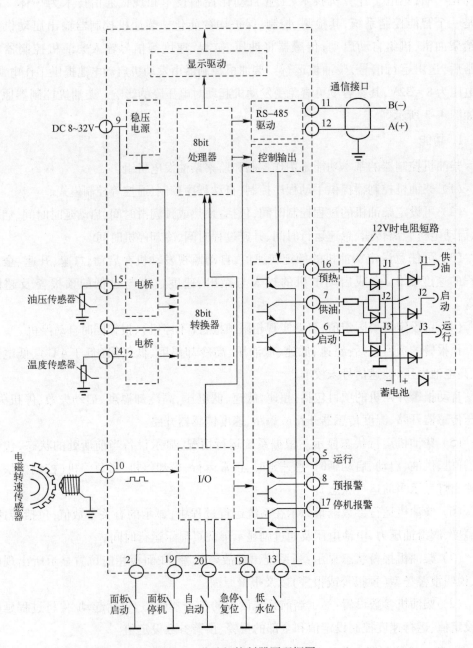

图 4-3 柴油机控制器原理框图

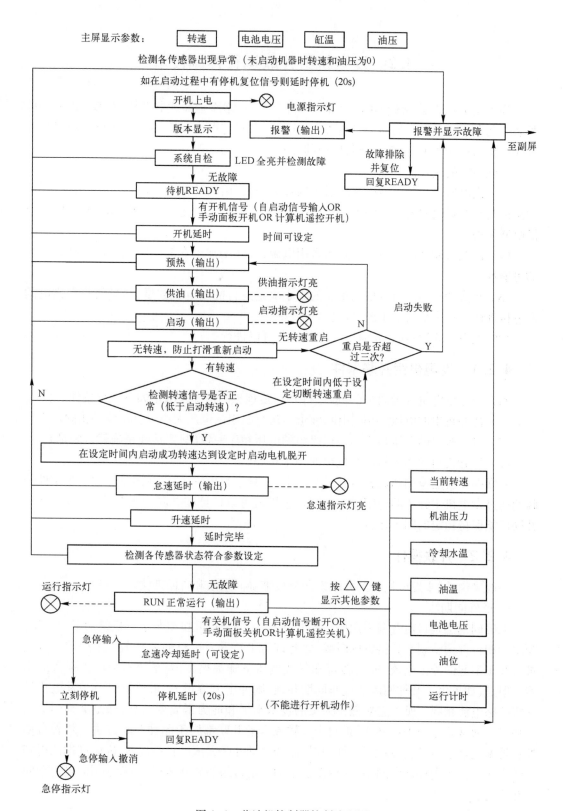

图 4-4　柴油机控制器控制流程图

4.2 发电机组并联运行控制技术

为了满足对武器系统供电的可靠性和经济性,在多型地面武器系统中,移动电站一般都装有两台或两台以上的同步发电机作为电源,并且这两台以上的发电机可以通过公用母线向全部负荷供电,这就是通常所说的并联(或并车)运行。

并联系统的主要优点如下。

(1)供电质量提高。由于并联后电网容量增大,用电设备(特别是大功率用电设备)的接通与断开对电源所产生的干扰作用相对减小,所以电源电压、频率波动较小,因而使供电质量提高。

(2)供电可靠性高。各电源互为备用电源,大大增加了在故障情况下保证持续供电的可能性。

(3)经济性提高。可以根据负载的大小决定运行的发电机数量,尽量使每台供电的发电机都运行在满负荷的工况,提高运行效率。

发电机组并联运行时,要满足一定条件才可以进行。

4.2.1 发电机组并联条件

两台交流发电机准确同步(并联运行)时,最理想的情况是满足如下三个条件。

(1)待并机组的电压大小、相位、波形与运行机组的电压大小、相位、波形相同。

(2)待并机组的电压相序与运行机组的电压相序一致(只要接线正确就可满足)。

(3)待并机组的频率与运行机组的频率相等。

并联操作就是检测和调整待并机组的电压、频率和相位,使之在满足上述三个条件的瞬间通过发电机主开关的合闸投入电网。这样就可以保证在并联合闸时没有冲击电流,并联后能保持稳定的同步运行。

4.2.2 并联操作

一般来说,同步发电机组的并联操作分成准确同期法和自同期法。

1. 准确同期法

准确同期法是目前普遍采用的一种并联方法,要求待并机组与运行机组两者的电压、频率和相位都调整到十分接近的时候,才允许合上待并发电机的主开关。采用这一方法进行并车引起的冲击电流、冲击转矩和母线电压下降都很小,对系统不会产生很大的影响。但是,如果由于某种原因造成非同期并列,则冲击电流很大,最严重时可与发电机端三相短路电流相同。所以它对操作人员的技术水平和能力素质要求高,这是准确同期法的缺点。通常采用的手动并联、粗同步并联或自动并联都属于此种并联方法。随着自动控制技术的进步与发展,特别是微电脑控制的自动并联方法已日趋成熟,准确同期法得到广泛应用。在军用移动电站中,两台以上柴油发电机组的并联运行,一般采用的是自动同步并联法。

2. 自同期法

准确同期并联是一项很重要的操作,在手动并联时必须由有经验的技术人员操作,精力要集中,而且操作时间长。采用自同期并联法就简便得多,它的操作过程是:原动机将未经励磁的发电机的转速带到接近同步转速,即将发电机主开关合闸,并立即给发电机加上励磁,依靠机组间自整步作用而拉入同步,使发电机与系统并联运行。

自同期并联根据自动化程度不同可分为手动自同期、半自动同期和自动同期。与准确同期相比,自同期的优点是操作简单;缺点是合闸时冲击电流和冲击转矩都很大,电压降落也大。因此,这种并联方法目前很少采用。

4.2.3 自动并联控制器

以 SY–SC–2021 自动同步控制器为例介绍其功能及工作原理。

SY–SC–2021 自动同步控制器是专门为控制柴油发电机并联、并网运行而设计的电子调频自动跟踪、调相同期合闸系统。

1. 自动同步控制器功能

自动同步控制器用于控制柴油发电机并联、并网运行,如图 4-5 所示。当把一台发电机与其他发电机组或电网同步运行,必须保其频率、相位和电压等级匹配。自动同步控制器能够调整待并发电机获得与主电网同等的交流频率及相位关系,并具有一定的同期检测功能。当发电机组达到最合适的速率的时候,为发电机组输出一个同步合闸信号,正常同步的时间少于 3s。

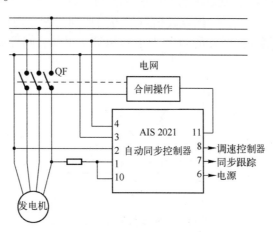

图 4-5　自动同步控制器

2. 自动同步控制器工作原理

自动同步控制器由电压检测电路、光隔离整形电路、频率、相位鉴别电路、相位/电压转换电路、同步跟踪 PI(比例、积分)可调控制电路、延时电路、电源等组成。

自动同步控制器工作原理如图 4-6 所示。自动同步控制器检测待并发电机和电网(或另一发电机组)的电压、频率,并判断两个机组是否满足并联条件(电压、频率、相位),当两个机组满足并联条件时,发出合闸信号并合闸,发电机组并网成功。若不满足并联条件,则输出信号给速度控制器进行调节,直到满足条件为止。

自动同步控制器将取自两台发电机的电压先降压、滤波,再经过零比较器转换为同频率的方波信号,如图 4-7 所示。为了提高抗干扰能力,该方波信号再由光电隔离转换为同频率方波,并由频压转换电路转换为电压信号,用于频率测量。如果两台发电机频率不

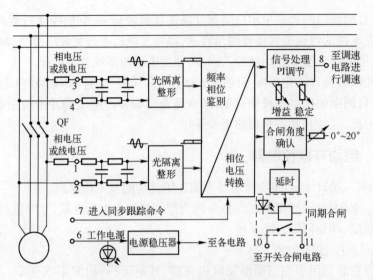

图 4-6　自动同步控制器工作原理图

等,则给待并发电机电子调速器发出相应的升速或降速信号,调整待并发电机转速,使其与另一台发电机的频率趋于一致。频率满足要求后,再检测两台发电机的相位差。在前述频率测量电路的基础上,分别取两台发电机同一相(或同一线)电压的方波信号,经由异或逻辑处理后,输出一方波信号,该方波信号的占空比即为两个电压的相位差,如图 4-8 所示。根据出口继电器和接触器的动作时间,可以算出最佳合闸导前角,在适当的时机发出合闸信号,实现并联。

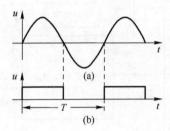

图 4-7　频率信号转换示意

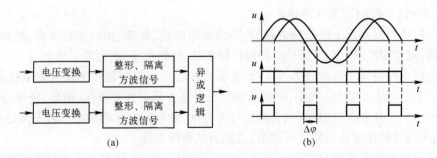

图 4-8　相位差检测原理

(a)电路逻辑原理;(b)相位差波形。

94

4.3 发电机组负荷分配控制技术

4.3.1 负荷分配的必要性

发电机组并联运行时,它们的有功负载和无功负载都应均匀分配,原因如下。

(1)有功负载、无功负载分配不均匀时各发电机的机械负荷与热负荷不等,如发电机励磁电流大的,输出的感性无功功率就大,无功功率分配不均匀,可能会造成待并网发电机和电网之间无功功率(一个为感性,一个为容性)往返传送。这样就使发电机输出电流大小不相同,工作状况不一致,可能还会出现有功功率没有超过额定值,但电流却超过了额定值的现象,使发电机过热。

(2)担负有功负载大的发电机运行的功角 θ 大,特别是担负有功负载大,无功负载小的发电机,其励磁很弱,电势 E_0 低,功角 θ 就更大,对稳定性不利,容易失步。

(3)只有有功负载、无功负载分配均匀,系统的总铜耗最小。

在军用电站中,几台同容量的交流发电机并联运行时,电网容量不能视为无穷大,总的负载也是一个有限的数值,所以,调节一台发电机的无功功率或有功功率时,将会引起电站中其他机组的电压和频率变化。例如,使一台发电机输出的有功功率增大时,若不减少另一台发电机的有功功率,则两台发电机总的有功功率输入将多于负载的有功功率,多余的有功功率将使整个电网的发电机转子加速而提高电网的频率和电压,使输出也增大,结果总的输入和输出在一个新的频率和电压下达到新的平衡。如果改变一台发电机的无功功率输出,电网总无功功率的输入和输出也将有相应的变化,总的无功功率输入和输出在一个新的电网电压下达到新的平衡。因此,若要保持电网的频率和电压不变,在总负载不变的情况下,当增加一台发电机的有功或无功输出时,必须相应减少另一台发电机的输出,反之亦然。

4.3.2 有功功率的调节

当两台柴油机发电机并联运行时,要改变发电机的有功功率分配,应使原动机(柴油机)加在发电机转子轴上的驱动转矩变化。在增加第一台发电机轴上的转矩时,相应减小另一台(第二台)发电机轴上的转矩,则第一台发电机转子就会加速,达到功角 θ_1(第一台发电机电势 E_{01} 与电压 U_1 之间的夹角)增加,引起电磁功率增大而分担较大的有功功率;第二台发电机的转子减速,达到功角 θ_2 减小,引起电磁功率减小而分担较小的有功功率。

为了保持电网电压不变,还需要改变两台发电机的激磁电流。如图4-9(a)所示为调节前两台发电机均负担相同的有功功率和无功功率时的矢量图;如图4-9(b)所示为经调节后两台发电机的无功功率分配不变(各分担1/2),而有功功率完全由第一台发电机负担的矢量图。

可以看出,在调节有功功率分配时,为了保持电网频率、电网电压及无功功率分配不变,对第一台发电机要增大其输入转矩及适当增加其激磁电流使 $\dot{E}_1$ 增为 $\dot{E}_1'$;而同时对第

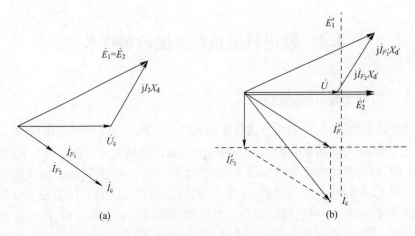

图 4-9　两台发电机并联运行有功功率调节矢量图
(a) 无功功率与有功功率分配都均衡时；(b) 有功功率调节矢量图。

二台发电机要相应减小其输入转矩，并适当减小其激磁电流使 $\dot{E}_2$ 减为 $\dot{E}'_2$。

4.3.3　自动负荷(有功)分配器实例

SY-SC-2041 型柴油发电机自动负荷(有功)分配器是专门为控制多台柴油发电机并联运行而设计的电子调功、调载的装置。

1. 负荷分配器功能

SY-SC-2041 型柴油发电机自动负荷(有功)分配器控制柴油发电机的全自动有功负荷分配并具有有功功率监测(报警)、负荷不平衡"比例"调节、带载响应"微分"调节、超功率保护(继电器输出，手动/自动复位)、逆功率保护(继电器输出，手动/自动复位)、逆功率报警、有功功率模拟量输出及校准等功能。

2. 负荷分配器工作原理

负荷分配器由电压检测电路、电流检测电路、功率乘法器、有功功率检测、逆功率检测、有功功率设定、输出电路、电源等组成。

负荷分配器工作原理如图 4-10 所示。负荷分配器检测待并发电机的功率(检测电压、电流)，进行有功功率检测和逆功率检测，同时将所检测到的有功功率与电网(其他发电机组成的电网)上其他机组的有功功率比较，若两个有功功率值之差超出允许范围，则调整待并发电机的转速(实际上是调节柴油机的油门大小)，直至两个有功功率值之差在允许范围内。负荷分配器与柴油机控制器、速度控制器及自动同步控制器配合，直到符合并联条件实现并联。

运行过程中若出现逆功率(待并发电机成为电网的负载)，则负荷分配器输出报警信号给柴油机控制器，使该机组解列(与电网断开并联)。

4.3.4　无功功率的自动均衡

改变同容量同步发电机并联系统无功电流分配的调节方法是使分担无功电流较少的发电机增加激磁电流，同时使分担无功电流较多的发电机减弱激磁电流，这样才有可能使电网电压及输出的总无功电流不变。

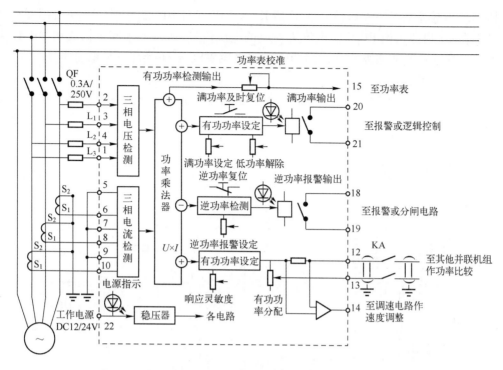

图 4-10 负荷分配器原理框图

无功电流均衡的调节是通过调节交流发电机的激磁(即励磁电流)实现的,所以一般均与电压调节器组合在一起,组成闭环控制系统进行自动调节。这样,电压调节器就不仅敏感调压点的电压信号而且还叠加一个无功电流分配偏差信号。

无功电流分配偏差信号要具有不同的极性,对分担无功电流较多的电源,极性为正,与电压信号相加,使电压调节器产生减弱发电机激磁的作用;对分担无功电流较少的电源,极性为负,与电压信号相减,使电压调节器产生增强发电机激励的作用。这样才能使各发电机无功电流分配趋于均衡。

将无功电流偏差转换为某种适当形式的信号以便与电压调节器检测调压点电压所产生的信号叠加,这是组成无功电流自动均衡线路需要解决的主要问题。无功电流自动均衡线路的具体形式有多种,但其组成必须符合以下三条原则。

(1)正确取信号。应能判别各电源无功电流分配是不是均衡,不均衡才调节,信号的大小应与无功电流分配偏差成正比;对于有功电流的分配情况则不应反映,即有功电流分配不均衡不应在此线路中起控制作用。

(2)分别调激磁。无功电流偏差信号的极性要与调压器电压检测线路正确配合,使分担无功电流多的发电机激磁减弱,分担无功电流少的发电机激磁增强。

(3)工作要协调。未投入并联,无功电流均衡线路不应工作;投入并联,无功电流均衡线路应当正常工作。否则将使电源工作不正常。

如图 4-11 所示为一个无功电流自动均衡原理线路图。

1)电路组成

该电路包括功率因数检测电路和稳定环节电路,其中变压器 T_2 的初级 D_1、D_2 接电源

电压 U_{AB}，互感器初级串入 C 相电路，次级 K_1、K_2 经电位计 RP_1 短路(虚线内的互感器和电位计不在 QT 内部)，由 RP_1 引出电流 I_C 对应的电压信号，所以上半部分构成功率因数检测电路。变压器 T_3 的初级 S_1、S_2 接工频三次谐波励磁电压，下半部分是稳定环节。

2）工作点设定

如图 4-12 所示，设发电机三相绕组对称，三相负载也对称，S 点为变压器 T_2 次级绕组 PQ 的中点，因此数值上有 $U_2 = U_2' = U_{PQ}/2$。

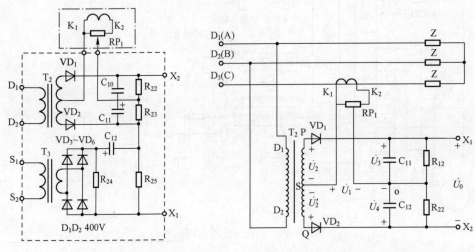

图 4-11　QT 无功调节器原理图　　　　　图 4-12　无功调节器原理分析

再调节 RP_1 使 $U_1 = U_2 = U_2'$。三组绕组对称，故 VD_1、VD_2 之间的电压 $\dot{U}_{AB}$ 与 C 相电压 $\dot{U}_C$ 正交，即 $\dot{U}_{PQ}$ 与 $\dot{U}_C$ 正交，又因为 RP_1 输出电压 $\dot{U}_1$ 与 $\dot{I}_C$ 同相位，$\dot{U}_1$ 与 $\dot{U}_C$ 的夹角 φ 即为负载角，所以 $\dot{U}_1$ 与 $\dot{U}_{AB}$ 垂直，亦即 $\dot{U}_1$ 与 $\dot{U}_{PQ}$ 垂直。

由以上分析，可以得出在正常励磁 $\cos\varphi = 1$ 以及图示正方向下的各电压之间的相位关系矢量图如图 4-13 所示。

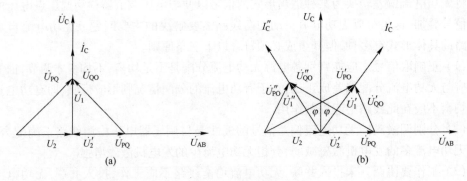

图 4-13　矢量图

从矢量图可知，当负载为纯无功电流(感性负载)时，C 相电流 $\dot{I}_C$ 落后于 C 相电压 $\dot{U}_C90°$，即与 $\dot{U}_{AB}$ 同相；当负载为纯有功电流时，C 相电流 $\dot{I}_C$ 与 C 相电压 $\dot{U}_C$ 同相位，即与

98

$\dot{U}_{AB}$同相。

一般情况，$\dot{I}_C = \dfrac{\dot{U}_C}{Z}$；

从矢量图可知，当 $\cos\varphi = 1$ 时，$\dot{U}_{PO} = \dot{U}_{QO}$，分别经二极管 VD$_1$、VD$_2$ 整流后，$U_3 = U_4$，输出 $\dot{U}_X = \dot{U}_3 - \dot{U}_4 = 0$，相当于无输出，即 QT 不调节，此即为工作设定点。

3）励磁调节

当负载增加时，转子减速，电势 E 和电压 U 的夹角（功角）θ 增加。若励磁电流 I_L 不变，则电势 E 不变，由于 U（电网电压）不变，则由功角特性 $P_m = m\dfrac{EU}{X_T}\sin\theta$（与发电机相同）知转矩 $T_m = \dfrac{P_m}{\Omega} = m\dfrac{EU}{X_T\Omega}\sin\theta$（$\Omega$ 为机械角速度）将增加，直至重新平衡。与此同时，电机的输入功率增加，电枢电流即电机定子电流 I_f 增加，$\cos\varphi$ 变为滞后（矢量图略），此时 QT 的矢量图如图 4-13 中右半部分所示。由矢量图可知，此时 $U'_{PO} > U'_{QO}$，则 $U_3 > U_4$，$U_X > 0$，此信号叠加到 TST 调节器的电阻 R$_5$ 两端，使得晶闸管 SCR 的控制角 α 下降，即 SCR 的分流增加，励磁电流 I_L 下降，由 V 形曲线知，此时定子电流 I_f 下降，$\cos\varphi$ 增加，直至 $\cos\varphi = 1$，$I_L = 0$，在新的负载下稳定运行。

当负载下降时，调节过程与上述过程相反。转子增速使得 θ 下降，从而转矩 T_m 下降，直至重新平衡。与此同时，电机的输入功率下降，使得定子电流 I_f 下降，$\cos\varphi$ 变为超前，此时 QT 的矢量图如图中左半部分所示。由矢量图可知，此时数值上 $U''_{PO} < U''_{QO}$，则 $U_3 > U_4$，$U_X < 0$，此信号叠加到 TST 调节器的电阻 R$_5$ 两端，使得晶闸管 SCR 的控制角 α 增加，即 SCR 的分流下降使得增加 I_L，从而定子电流 I_f 增加，$\cos\varphi$ 增加，直至 $\cos\varphi = 1$，$U_X = 0$，在新的负载下稳定运行。

4）稳定环节

在 QT 中设有专门的稳定环节，信号取自发电机的谐波绕组电压，谐波绕组电压送入 QT7 的 S$_1$、S$_2$。因某种原因发生振荡或动态调节过程，若：

$$I_L 增加 \rightarrow U_{S3} 增加 \rightarrow U_X 增加 \rightarrow \alpha 下降 \rightarrow 分流增加 \rightarrow I_L 下降$$

$$I_L 下降 \rightarrow U_{S3} 下降 \rightarrow U_X 下降 \rightarrow \alpha 增加 \rightarrow 分流下降 \rightarrow I_L 增加$$

上述过程只在动态过程中存在，即在动态过程中，谐波电压经 VD$_3$ ~ VD$_6$ 整流后经电容 C$_{12}$ 耦合输出，而在稳定运行时 C$_{12}$ 隔直，无输出。可见在负载变化过程中，稳定环节也起到了缓冲作用，以防止励磁电流调节过冲。

4.4 柴油机调速控制器

柴油机调速控制器是将柴油机稳定控制在设定工作转速下运行的精密控制装置。柴油机工作时，应随着负荷的变化及时调节转速。如果柴油机的负荷突然减少，此时若喷油泵的供油量不能及时减少，柴油机转速将会突然升高，甚至会发生"飞车"。反之，当柴油机的负荷突然增加时，若喷油泵的供油量不能及时增加，柴油机转速就会突然降低，甚至会停机。为了适应负荷的变化,必须自动控制柴油机的油泵的供油量,保持柴油机稳定的转速,柴油机必须安装调速控制器。

机组进行有功功率检测时,将所检测到的有功功率与电网(其他发电机组成的电网)上其他机组的有功功率比较,若两个有功功率值之差超出允许范围,则调整待并发电机的转速,即实际上是调节柴油机的油门大小,直至两个有功功率值之差在允许范围内。负荷分配器与柴油机控制器、电子调速器及自动同步控制器配合,直到符合并联条件实现并联。因此柴油机调速控制器也是机组并联控制必不可少的装置之一。

柴油机调速系统主要由控制器、外接电位器、怠速/额定转速控制开关、转速传感器、执行器等组成,主要完成柴油机转速和齿杆位置的检测、驱动执行器调整柴油机转速。控制器完成调速控制并具有最大电流限制与保护、稳态调速率可调、高低速精调及转换、自动并机等功能。

柴油机调速控制器经历了机械调速器、液压调速器和电子调速器三个发展阶段。电子调速器具有结构简单、性能可靠、操作简单、易于功能扩展、性价比高等特点,因此,军用电站的机组调速控制大都采用电子调速器。

4.4.1 电子调速器功能与组成

无论哪种调速控制器,都应具有以下功能。

(1) 能检测转速并合理地设定;接收负荷分配器的调速信号,并输出至油门驱动器;具有频率过低保护功能。

(2) 电子调速器一般由转速信号采样变换电路、频率/电压(f/V)变换电路、信号合成(怠速、额定转速、速度反馈)电路、PID 闭环控制电路、下垂反馈电路、PWM 波驱动电路及电源电路组成,其组成框图如图 4-14 所示。

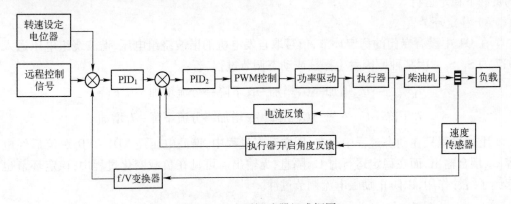

图 4-14　电子调速器组成框图

(3) 转速信号采样变换电路由转速传感器、信号整形滤波电路等构成。转速传感器安装于柴油机飞轮齿圈部位,随着柴油机的转动,转速传感器产生一个正弦波交流电压信号,该信号经阻容滤波,运算放大器整形,变成矩形方波信号后送至 f/V 变换电路。

采集到的转速传感器的信号频率与柴油机飞轮齿数、转速之间的对应关系:

$$f = \frac{rn}{60}$$

式中　f——转速传感器的信号频率;

　　　r——柴油机转速;

　　　n——柴油机飞轮圈齿数。

f/V 变换电路即频率/电压转换器由运算放大器、比较器、充电电路等组成。常见的有 LZ2917 单片集成 f/V 变换器,用于将频率信号转换成电压信号。

信号合成(怠速、额定转速、速度反馈)电路用于将内外速度设定电位器(怠速/额速)、外部输入信号及频率/电压转换器传来的直流电压信号叠加在一起,输出给 PID 调节器 1 的输入端。

闭环控制电路采用闭环 PID 控制方式,能够对柴油机瞬间负荷变化产生快速和精确的响应,用以控制柴油机的转速。如图 4-14 所示的电子调速器分别对柴油机的转速、执行器的位置和电流进行闭环 PID 控制。可通过手动调整控制器增益、稳定性,也可通过手动调整稳态调速率电位器、超前控制电位器以满足不同柴油机对稳态调速率、瞬态调速率及稳定时间的要求。

下垂反馈电路用于调节柴油机的速度、负载特性,以满足被调整的发电机在满负荷下与其他并联运行的机组具有相同的负荷能力,从而达到在一定范围内多台机组并联运行自动均衡负荷分配。

PWM 波驱动电路采用频率固定的脉冲调制控制,锯齿波振荡器频率可由外部阻容元件调节振荡频率,通过比较正的锯齿波和控制信号实现输出脉冲的宽度调制,经两个 MOSFET 大功率场效应管并联驱动油泵执行器。

电源电路为各部分电路提供工作电能,应具有功耗低、输入电压范围宽、输出电压稳定性高、抗干扰能力强等特点,这样才能为其他电路稳定工作提供可靠安全的保障。

4.4.2　电子调速器工作原理

如前所述,电子调速器应具有转速设定、测速、比较、运算、驱动输出、执行元件、调节系数设定、保护或限制等机构或部件,各机构或部件经过有效组合形成一个闭环控制系统。电子调速器的工作原理如图 4-14 所示。

随着柴油机的转动,柴油机飞轮齿圈部位上安装的转速传感器产生的信号与转速设定电位器上的输出信号一并送至控制单元,在控制单元中实际值与设定值相比较,其差值经 PID_1 调节器放大后,再叠加驱动电流反馈信号,送至 PID_2 调节,其输出信号用于调制 PWM 波的脉宽比,经两个 MOSFET 大功率场效应管并联驱动调节执行器的线圈电流的通断比,以改变油泵执行器连杆位置角度,拉动喷油泵齿杆确定油门进油量的大小。从而达到保持柴油机运行在设定转速上。

以 SY-SC-2031 电子调速器为例进行介绍,其原理框图如图 4-15 所示。

SY-SC-2031 电子调速器由整形滤波电路、频率/电压转换电路、频率过低检测电路、PID 放大调节电路、PWM 调制电路、输出电流取样电路、反馈放大电路、输出电路、电源等组成。

柴油机的转速通过电磁速度传感器将转速信号转换成电信号,该信号经整形、滤波后,由频率/电压转换电路转换成与频率有关的方波信号,并分两路输出,一路送到频率过低检测电路进行判断是否报警或保护;另一路与设定值及反馈值之和进行比较,差值经放大、PID 调节(PI 和 PD 放大倍数可设定)、PWM 调制后输出给电磁执行器,以控制油门的开启大小,达到调整柴油机转速的目的。

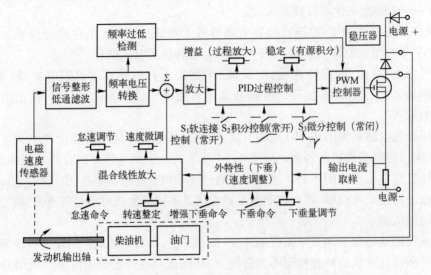

图 4-15 SY - SC - 2031 速度控制器原理框图

102

第5章　取力发电机组

现代高技术局部战争中,作战部队具有机动快速,作战任务、作战地区、作战样式不定,作战环境多变等特点,要求部队具有灵敏的快速反应能力。为了保存自己,提高生存能力,军用电站的快速机动能力已成为攻、防作战中的普遍要求,也成为提高高技术任务下作战效能的重要内容。军用汽车是各种野战装备的主要承载平台,是部队机动作战能力的体现。如果采用取力发电机组的结构形式将电站与野战装备一体化,对解决移动设备运动过程中的供电问题有着十分重要的意义,同时也对提高部队的机动作战能力具有十分重要的意义。

5.1　取力发电机概述

取力发电机组是指借助汽车底盘动力系统而设计的发电装置,它采用汽车底盘发动机作为动力,通过传动系统将汽车发动机的动力传递给发电机,进而获得所需电源。取力发电属于武器系统的自主供电系统,即发电设备安装于各主战车辆上,是车载自备式作战电源,不需要外部电缆,因此使用自主供电设备使得兵器具有很高的机动性能。

取力发电机组的发电与行车共用一台发动机和一个底盘,将发电与行车合二为一,既提高了经济性,又提高了机动灵活性。一般的汽车发动机,特别是重型车辆、武器装备上的动力源都有较大的功率储备,这给发动机在驱动汽车行驶的同时带动发电机发电提供了可能。

根据取力驱动方式,取力发电机组可分为以下三种。

(1)取力器取力发电机系统,即利用底盘发动机动力从分动箱的动力输出轴,借助取力器取出,通过万向传动轴将动力传至发电机,使发电机运转并输出电能的发电系统。这种方式是武器装备驻车取力的主要应用方式。

(2)液压泵取力发电机系统,即利用底盘发动机通过液压泵取力的发电系统,与取力器取力发电系统的取力原理类似,是行车取力的主要应用方式。

(3)曲轴轮取力发电机系统,即通过发动机原主动轮加装驱动皮带驱动发电机,使发电机运转输出电能的发电系统。

根据取力发电机组的运行状态一般分为两种,即驻车发电和行车发电。

在欧美军事技术先进国家,行车发电系统已经开始从研究阶段走向使用阶段,我国液压恒速驱动行车发电技术也已经进入试验和小规模试用阶段。目前,国内取力发电机组大部分都是驻车取力发电系统,即需要发电时,汽车必须处于停驶状态,然后利用底盘柴油机通过取力传动装置驱动发电机发电,因此,这种发电系统有着移动电站的优点,由于不需要架设电缆,又避免了移动电站机动性差的缺点。

将底盘发动机的动力,从底盘传动系统中取出部分或全部动力的形式,受底盘传动系统的结构、所取动力的功率大小、使用特点、安装条件等因素影响,匹配有不同的结构形式。目前主要有四种基本形式。

(1)介于车辆底盘离合器与变速器之间的全功率取力形式,即直接从发动机上取力。取力器安装在发动机的飞轮壳和离合器之间。需要在发动机上预留取力器加装位置。

(2)针对车辆底盘变速器的侧取力形式。此种取力形式采取由车辆底盘变速器的取力口输出,需要变速器预留取力口。变速器取力受传动的扭矩和转速影响,适用于功率小于3kW的自发电系统,而无法接大功率发电机。

(3)在主传动轴上加装取力器的断轴取力形式。该方式由于直接在传动轴上取力,输出功率高,目前仅应用在不装备分动器的车辆上,用于大功率取力输出的发电系统中。但是由于破坏了原车的主传动轴结构,影响了整车的可靠性。

(4)针对前后桥四轮驱动车辆的分动器取力形式。在分动器取力口安装取力传动装置,是将自发电传动系统附加在原车传动系统上,不会对原车传动系统造成不良影响。必要时附加的自发电传动系统也可方便的予以剥离。取力器的取力齿轮与分动器的动力输出齿轮处于啮合状态,取力齿轮与中间轴齿轮通过接合套实现啮合与分离,拨叉推动接合套进行离合操作。合档时,取力齿轮通过接合套与中间轴齿轮同步传动,中间轴齿轮驱动输出的轴齿轮,输出轴齿轮通过与其花键联合的输出轴实现转矩输出。

由于武器系统各装备车辆采用的底盘有区别,因此,各底盘取力传动装置也不尽相同,但基本上都是由车辆离合器、取力器、万向传动装置、变速齿轮箱等构成。

(1)车辆离合器,用于分离或结合发动机与后端机械能量消耗装置的动力连接。在汽车行驶状态下,主要用于结合或分离发动机与车轮之间的动力连接;在取力发电状态下,主要用于发动机与发电机之间的动力连接。

(2)车辆变速箱,用于改变旋转动力的转速和扭矩,以适应各种状态的要求。在汽车行驶状态下,改变转速和扭矩是为了满足道路行驶状态和驾驶员的要求。在取力发电状态下,主要用于满足发电机的转速要求。

(3)取力器,用于从汽车变速箱中取出柴油机的动力,以提供给发电机旋转动力。

(4)传动轴,将取力器的输出动力传输给变速齿轮箱,并适应取力器与变速齿轮箱之间的位置、角度等的变化,以达到动力的准确输出。

(5)变速齿轮箱,改变传动轴输入的旋转力矩和转速,按照发电机的要求输出力矩和转速。

本章将简要介绍取力传动装置中的取力装置、万向传动装置和变速齿轮箱。

5.2 取力装置

取力装置是特种车辆中最常见的汽车发动机动力输出装置之一。取力装置主要由取力器和取力操纵装置组成,其主要功能是在车辆变速器的附近截取旋转力矩,并将其输出。

以下取力装置均为汽车停止行驶状态下截取汽车旋转力矩。根据车辆底盘及发动机安装位置的不同,取力装置的力矩可以从变速器的后端、侧面或前端等不同位置取出。

5.2.1 取力器的构造和工作原理

取力器按照结构形式可以分为结合套式和齿轮式两种。

1. 接合套式取力器构造和工作原理

1）接合套式取力器的构造

接合套式取力器的结构原理如图5-1所示，其通常安装在副变速器的中间轴后端。

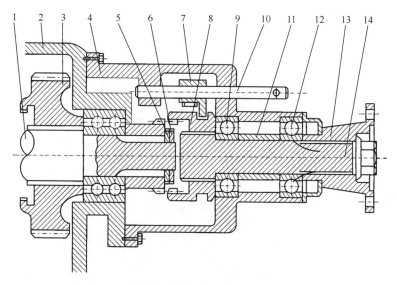

图5-1　接合套式取力器的结构原理图

1—变速器中间轴；2—变速器壳；3—动力输出齿圈；4—取力器壳；5—止退垫圈；6—锁紧螺母；

7—拨叉；8—接合套；9、12—滚珠轴承；10—拨叉轴；11—隔套；13—连接突缘；14—输出轴。

在加长的中间轴的后端制有花键，花键上套装有动力输出齿圈。齿圈后端用止退垫片和锁紧螺母固定。

输出轴通过前后滚珠轴承支撑在取力器壳体上。前后轴承中间有隔套定位。输出轴内端制有花键，接合套套装在花键上，并可以在输出轴上轴向滑动。轴的外端连接有突缘，可以将动力输出。

接合套内孔中的一端制有花键槽，另一端制有内齿。接合套的外圈上开有环槽，以利于拨叉的工作，故称为拨叉槽。

拨叉固定在拨叉轴上，拨叉轴支撑在取力器的孔内，另一端在操纵装置的操纵下，可以轴向运动。

2）接合套式取力器的工作原理

需要取力器截取汽车柴油机的动力前，必须是汽车在停止行驶的状态下进行。

踩下离合器，打开取力器开关，在操纵装置的作用下，取力器拨叉轴向左运动。拨叉轴带动拨叉推动接合套向左移动，与变速器中间轴上的动力输出齿圈啮合。

当接合套与动力输出齿圈完全啮合后，挂上相应的档位，抬起离合器。此时，柴油机的动力传递关系为：柴油机飞轮→汽车离合器→主变速器→副变速器中间轴→动力输出齿圈→接合套→输出轴→输出轴连接凸缘。柴油机的旋转扭矩即可由取力器截取并从输出轴连接突缘输出。

当需要断开取力器的动力输出时,踩下离合器,变速器挂空挡,关闭取力器开关。在操纵装置的作用下,取力器拨叉轴向右运动。拨叉轴带动拨叉推动接合套向右移动,与动力输出齿圈脱离啮合。此时,取力器输出轴不转,取力器停止向外输出旋转力矩。

2. 齿轮式取力器构造和工作原理

1)齿轮式取力器的构造

齿轮式取力器的结构原理如图 5-2 所示,主要由输入轴、取力齿轮、输出轴、滑动齿轮、拨叉、拨叉轴取力器壳等组成。

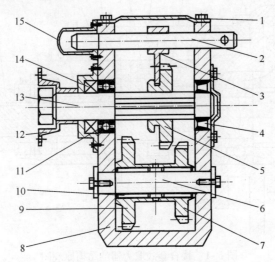

图 5-2 齿轮式取力器结构原理图

1—检查盖;2—拨叉轴;3—拨叉;4—滚锥轴承;5—滑动齿轮;6—输入轴;
7—挂挡齿轮;8—取力器壳;9—取力齿轮;10—滚针轴承;11—滚珠轴承;
12—连接突缘;13—输出轴;14—油封;15—防尘罩。

输入轴两端通过轴承支撑在取力器壳体上。轴上设置有取力齿轮和中间齿轮,取力齿轮与变速器中间轴取力齿轮常啮合在一起。

输出轴前、后方通过轴承支撑在取力器壳体上,轴的中部制有花键,滑动齿轮在花键轴上可以轴向滑动,轴的后端安装有连接突缘,以便动力输出。

滑动齿轮的内部制有花键,外缘一端制有齿,在取力时与主动轴的中间齿轮啮合,外缘的另一端制有拨叉槽。

拨叉轴前、后方支撑在取力器壳的孔中,中间固定有拨叉。拨叉轴在操纵装置的带动下轴向运动,通过拨叉推动滑动齿轮在输出轴上轴向运动。

2)齿轮式取力器的工作原理

在汽车停止行驶的状态下,当需要取力器截取汽车柴油机的动力时,踩下离合器,打开取力器开关,在操纵装置的作用下,取力器拨叉轴向右运动。拨叉轴带动拨叉推动滑动齿轮向右移动,与中间齿轮啮合。

当滑动齿轮与中间齿轮完全啮合后,抬起离合器。此时,柴油机的动力传递关系为:柴油机飞轮→汽车离合器→变速器中间轴→中间轴取力齿轮→取力器取力齿轮→中间齿轮→滑动齿轮→输出轴→输出轴连接凸缘,柴油机的旋转扭矩即可由取力器截取并从输出轴连接突缘输出。

当需要断开取力器的动力输出时,踩下离合器,关闭取力器开关。在操纵装置的作用下,取力器拨叉轴向左运动。拨叉轴带动拨叉推动滑动齿轮向左移动,与中间齿轮脱离啮合。此时,取力器输入轴及输入轴上的齿轮在变速器中间轴取力齿轮的带动下继续旋转,但输出轴不转,取力器停止向外输出旋转力矩。

5.2.2　取力器操纵装置的构造和工作原理

操纵装置可以分为机械式、气力式、电动式和电动气力式。目前,广泛采用的是电动气力式操纵装置,其结构原理如图 5-3 所示,具有结构简单、机械零件少等特点。

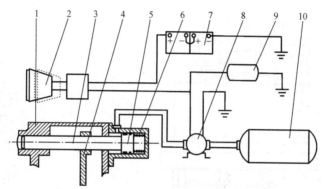

图 5-3　电磁气动式取力器操纵装置原理图
1—取力器;2—取力器开关;3—拨叉轴;4—拨叉;5—活塞;
6—回位弹簧;7—蓄电池;8—电磁阀;9—取力器工作指示灯;10—储气瓶。

1. 电动气力式操纵装置的结构原理

电动气力式操纵装置主要由蓄电池、取力器开关、电磁阀、储气瓶、取力器气缸、活塞、回位弹簧、拨叉轴和拨叉等组成。

取力器开关一端连接汽车蓄电池,另一端与电磁阀的电磁线圈相连接。电磁阀主要由电磁铁、电磁线圈和气路、气路开关等组成。其中气路开关与电磁铁固定在一起,电磁线圈通电后,电磁铁便带动气路开关运动,打开或关闭相应的气路。高压气体的输入口与汽车储气瓶连接,输出口则与取力器工作气缸相连接。

拨叉轴的右端安装有工作气缸,气缸内设有活塞和回位弹簧等。

2. 电动气力式操纵装置的工作原理

需要取力器工作时,接通取力器开关,蓄电池的电流从取力器开关流入电磁阀的电磁线圈。电磁铁在电磁线圈的作用下,带动气路开关运动,首先关闭工作气缸与大气的通路,随后接通储气瓶与工作气缸的通道。工作气缸的活塞在高压气体的作用下,克服弹簧的张力带动拨叉轴及拨叉向右运动,使滑动齿轮(或接合套)移动而接合,取力器输出动力。

需要断开取力器时,关闭取力器开关,电磁阀不工作而电磁铁和气路开关回位。在储气瓶与工作气缸之间的通道关闭之后,工作气缸通过电磁阀与大气相通,在回位弹簧的作用下,拨叉轴及拨叉带动滑动轴承(或接合套)向左运动而脱离啮合,取力器不能输出动力。

5.2.3　接合套式取力器应用

这里以某型接合套式取力器为例,介绍其实际应用。该型取力器为后置式,从富勒双中间轴副变速器中间轴后部取力。

1. 取力器的构造

该型取力器的外部结构如图5-4(a)、(c)所示,操纵装置属于电动气力式,这里主要介绍其操纵装置的结构特点。

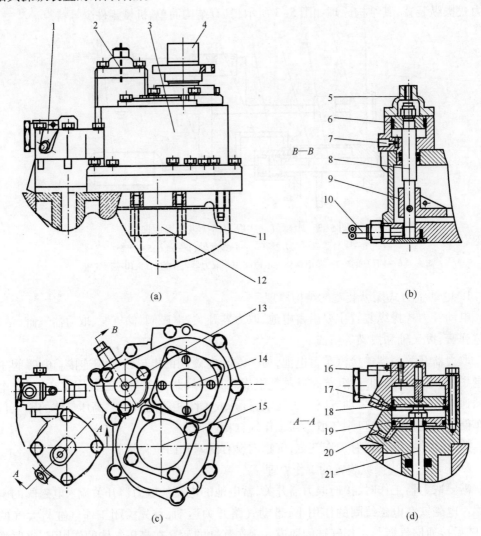

图5-4　某型接合套式取力器结构图

(a) 取力器外部结构1;(b) 操纵气缸;(c) 取力器外部结构2;(d) 高压空滤调节器。

1—空气滤清调节器;2—操纵气缸;3—取力器;4—动力连接突缘;5—换挡气孔;6—换挡活塞;
7—退挡气孔;8—换挡拨叉轴;9—换挡拨叉;10—取力器工作传感器;11—副变速箱中间轴齿圈;
12—副变速箱中间轴;13—拨叉轴;14—取力器输出轴;15—取力器输入轴;16—高压气体输入孔;
17—副变速箱高挡位气孔;18—上部活塞;19—下部位活塞;20—副变速箱低挡位气孔;21—推杆。

108

1）取力器操纵装置的组成及结构关系

该型取力器操纵装置的组成及结构关系如图5-5所示。

取力器操纵装置主要由汽车蓄电池、取力器电动开关、电磁阀、取力器的操纵气缸和高压空气滤清调节器以及变速器的双H气阀、高压空气滤清调节器和中间位置气缸等组成。

汽车变速器分为主变速器和副变速器。在对主变速器进行选挡和摘挡、挂挡的同时，根据变速杆所处的高低挡位置不同，双H气阀将高压空气输入给副变速器的中间位置气缸，使得副变速器可以处在高挡位、低挡位和空挡位三种位置。而这三种位置，又可以通过电磁阀由取力器高压空气滤清器控制。

电磁阀又可以控制取力器的操纵气缸活塞的具体位置，继而通过拨叉轴、拨叉、接合套等控制变速器与取力器输出轴的动力连接。

2）操纵气缸的构造

操纵气缸的构造如图5-4（b）所示。气缸上部制有气孔，取力器工作时通过电磁阀与储气瓶中0.7～0.8MPa的高压空气相连接，故称为换挡气孔。

换挡活塞固定在拨叉轴的上端，活塞上制有环槽，用来安装活塞环，活塞环用于密封。换挡活塞将操纵气缸分成上下两个工作腔，上部工作腔与换挡气孔相通，下部工作腔与退挡气孔相通。退挡气孔通过电磁阀与空气滤清调节器连接，在取力器不工作时以常压0.41～0.44MPa供入下工作腔。

取力器工作传感器安装在拨叉轴下部的操纵气缸壳体上，在拨叉轴的向下移动到接合套完全结合位置时而接通电源信号。

3）高压空气滤清调节器的构造

高压空气滤清调节器的构造如图5-4（d）所示。调节器上制有高压气体输入孔、副变速器高挡位气孔、副变速器低挡位气孔三个气道。其中，高压气体输入孔通过电磁阀与储气瓶连接在一起，副变速器高挡位气孔与副变速器双H气阀的高挡位L气孔相连接，副变速器低挡位气孔与副变速器双H气阀的低挡位M气孔相连接。

在调节器内腔中的三个气孔中间安装的上、下两个活塞的外边缘均制有活塞环槽，用于安装活塞环，下部活塞的中部固定有推杆。

2. 取力器的工作原理

1）接合过程

踩下离合器踏板，变速杆置于空挡位置，打开取力器电动开关，此时，电磁阀因电源接通而工作。首先，电磁阀接通储气瓶与取力器高压空气滤清调节器的高压空气，使得副变速器中间位置气缸处在中间位置（即高挡和低挡中间的不输出动力的位置），断开汽车与车轮之间的动力；之后，电磁阀接通储气瓶与操纵气缸换挡气孔的高压空气，并使退挡气孔通过电磁阀与大气相通。

由于操纵气缸活塞上部的工作腔具有0.8MPa的高压气体，而下部工作腔为大气压力，因此，在高压气体的作用下，活塞推动拨叉轴、拨叉向下轴向运动。拨叉带动接合套向下运动与副变速器中间轴上的齿圈相啮合。当接合套完全结合时，取力器工作传感器接通。

变速器挂上低速四挡，缓慢抬起离合器，取力器即可以向外输出柴油机的动力，其动

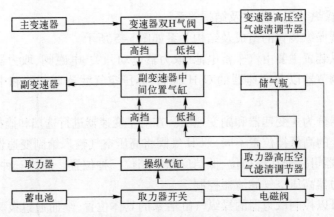

图 5-5　某型接合套式取力器操纵装置组成关系图

力传递是:柴油机→离合器→主变速器→副变速器中间轴→取力器输入轴→输出轴→连接突缘→万向传动装置→增速齿轮箱→各负载。

2)脱离过程

踩下离合器踏板,变速杆置于空挡位置,断开取力器电动开关,此时,电磁阀的电源断开。首先,电磁阀断开储气瓶与取力器高压空气滤清调节器的高压空气,使此气道与大气相通,副变速器中间位置气缸完全受双 H 气阀的控制(即接通汽车与车轮之间的动力);之后,电磁阀断开储气瓶与操纵气缸换挡气孔的高压空气,使此气道与大气相通,并将退挡气孔通过电磁阀与高压空气滤清调节器相通,防止不使用取力器时,因车辆振动或其他原因使取力器误处于工作状态。

由于操纵气缸活塞上部的工作腔与大气相通,而下部工作腔为 0.4MPa 左右的高压气体,因此,在高压气体的作用下,活塞推动拨叉轴、拨叉向上轴向运动。拨叉带动接合套向上运动与副变速器中间轴上的齿圈脱离啮合,同时取力器工作传感器断开。这样,取力器就完全断开了柴油机与取力器输出轴之间的动力,汽车重新处于行驶运行状态。

5.2.4　齿轮式取力装置的应用

这里以某型齿轮式取力器为例,介绍其实际应用。

1. 某型齿轮式取力器的组成与结构

该型取力器主要由动力传动机构、操纵机构、润滑机构和壳体等部分组成,结构原理如图 5-6、图 5-7、图 5-8 所示。

1)动力传动机构

输入轴也叫第一轴。轴的前端通过花键与离合器从动盘相连接,后端通过齿轮与变速箱第一轴相连接,中部通过固定螺母固定有一轴齿轮。输入轴的前部通过滚珠轴承支撑在取力器壳体的前端,并通过前端盖和密封圈密封。后端通过滚锥轴承支撑在壳体后端。

第二轴的前部压装有第二轴齿轮,与输出轴齿轮常啮合。后部通过花键套装有滑移齿轮,取力时与第一轴齿轮啮合。轴的前后端通过滚柱轴承支撑在壳体上,并用盖板密封。

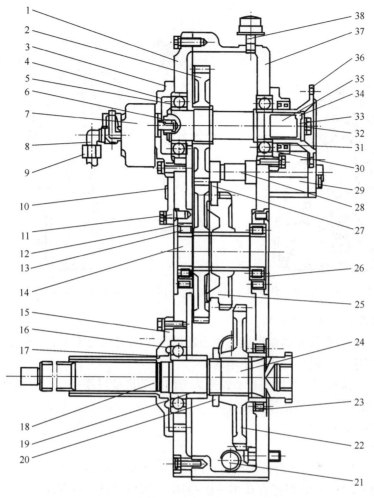

图 5-6　某型齿轮式取力器结构示意图

1—侧板；2—输出齿轮；3—输出轴前轴承；4—单列向心球头轴承；5—隔套；6—连接平键；
7—齿轮泵；8—扩口式锥直角管接头；9—C 型扣压胶管总成；10—窗口盖；11—二轴齿轮；
12—内圈单边圆柱滚子轴承；13—二轴前轴承；14—二轴；15—一轴轴承盖；16—深沟球轴承；
17—一轴轴承盖；18—输入轴；19—一轴前隔套；20—一轴螺母；21—网式滤油器；22—输入轴齿轮；
23—油封；24—一轴后隔套；25—二轴滑移齿轮；26—二轴后轴承盖；27—拨叉；28—活塞叉轴；
29—气缸总成；30—输出轴后轴承盖；36—法兰盘；37—取力器壳体；38—通气塞。

　　输出轴前部制有输出齿轮，与第二齿轮常啮合，后端通过花键套装有连接凸缘，并用螺母固定。轴的前后端通过滚珠轴承支撑在壳体上，前端通过端盖密封，后端安装有骨架式油封。

　　2）操纵机构

　　取力器的操纵机构主要由蓄电池、取力器开关、电磁阀、储气瓶、取力器气缸、活塞、回位弹簧、拨叉轴和拨叉等组成。取力器气缸为双作用气缸，"a" 口为 0.7 ~ 0.8MPa 的高压气体连接口，"b" 口为 0.41 ~ 0.44MPa 的低压气体连接口。其工作气缸的结构原理与前述 5.2.3 某型接合套式取力器完全相同。

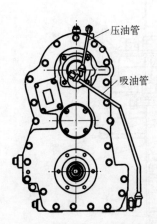
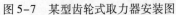
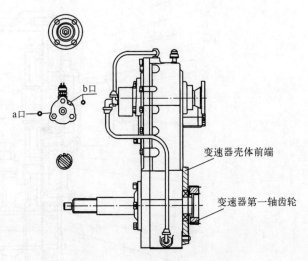

图 5-7　某型齿轮式取力器安装图　　　　图 5-8　某型齿轮式取力器安装图

3）取力器壳体及润滑机构

取力器壳体由壳体和侧盖组成。侧盖通过螺丝固定在壳体上,壳体上方安装有通气塞,下放一侧制有放油口,并用螺塞堵塞。

壳体的下放制有出油口,通过油管接头与油泵的进油口连接。上方制有进油口,通过油管接头与油泵的出油口连接。

2. 取力机构的工作原理

1）结合状态

取力器工作时,踩下离合器踏板,打开取力器开关,电磁阀工作,工作气缸的"a"口与大气接通。由于"b"口始终存有 0.41～0.44MPa 的低压气体,在此压力下,工作气缸中的活塞向右移动,并带动拨叉轴、拨叉、滑移齿轮向右移动,与输入轴齿轮啮合。

缓慢抬起离合器踏板,打开电子调速器开关,此时,柴油机的动力就可以通过汽车离合器、取力器第一轴及其齿轮、滑移齿轮、第二轴及其齿轮、第三轴及其齿轮、输出轴齿轮及输出轴、连接凸缘等,向外输出柴油机动力。同时,通过第三轴的后端向油泵提供动力。

2）分离状态

关闭电子调速器开关,踩下离合器踏板,关闭取力器开关,电磁阀停止工作。

工作气缸的"a"口与汽车储气瓶相通,工作气缸中拥有 0.7～0.8MPa 的高压气体。由于"b"口始终存有 0.41～0.44MPa 的低压气体,工作气缸中的活塞向做移动,并带动拨叉轴、拨叉、滑移齿轮向左移动,与输入轴齿轮断开啮合。缓慢抬起离合器踏板,取力工作结束。

5.3　万向传动装置

万向传动装置主要用于动力传递过程中相对位置不断改变的两根轴之间的动力传递,应满足下列要求。

（1）保证所连接两轴的相对位置在预计范围内变动时，能可靠传递动力。

（2）保证所连接两轴能均匀运转，由万向节夹角而产生的附加载荷、振动和噪声应在允许范围内。

（3）传动效率高，使用寿命长，结构简单，维修方便。

目前，动力传动装置上广泛采用的是开式万向传动装置，相对应的还有闭式万向传动装置。闭式万向传动装置中，传动轴被封闭在套管中，由于它存在较多缺点，故已很少采用。

5.3.1 万向传动装置的构造

万向传动装置主要由带有伸缩装置的传动轴和传动轴两端的万向节组成。

传动轴为两节中空管组成，一节为内花键套；另一节为花键轴，两节传动轴套装在一起，外部有防尘套，如图5-9所示。花键轴在花键套内深入较多，主要用于传动轴轴向的长度发生变化时，可以自由伸缩。

万向节有刚性万向节和挠性万向节两类。刚性万向节又可分为不等速万向节（常用的有普通十字轴万向节）、等速万向节和准等速万向节等数种。

目前，万向传动装置中，采用普通十字轴万向节的比较普遍。如图5-9所示为一种万向传动装置，其主要由万向节叉十字轴、滚针和套筒等主要机件组成。

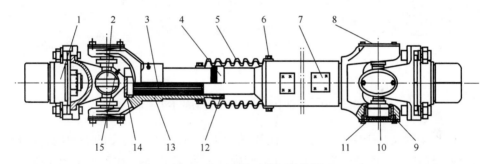

图5-9 万向传动装置结构图

1—连接突缘；2—十字轴；3—主动轴轴管；4—连接套；5—防尘罩；6—卡箍；7—平衡片；8—轴承盖；9—滚针轴承；10—滚针轴承油封；11—套筒；12—油封；13—万向节滑动叉；14—堵盖；15—注油嘴。

两个万向节叉分别装在所需要传动的两轴的端部，中间用十字轴相连。为减少叉与十字轴颈之间的摩擦损失，提高传动效率，在十字轴轴颈和万向节叉的孔之间，装有滚针轴承。滚针轴承由套筒和滚针组成，套筒用轴承盖和螺栓固定在万向节叉上，并用锁片将螺栓锁止，以防止轴承在离心力作用下，从万向节叉孔内脱出。为了润滑轴承，十字轴做成中空的，并由油道通向轴颈。润滑油从注油嘴注入十字轴内孔并通向各轴颈。为避免润滑油流出及尘土进入轴承，在十字轴的轴颈上套有带金属座圈的毛毡油封。

在十字轴的中部还装有安全阀，如果十字轴内腔的润滑油压力大于允许值，润滑油可顶开安全阀而外溢，使油封不致因油压过高而损坏。这种刚性万向节两轴的交角允许达15°～20°。由于其结构简单，工艺性好，使用寿命长，并且有较高的传动效率，所以被广泛采用。

113

5.3.2　万向传动装置的工作原理

由于主、从动叉分别通过滚针轴承与十字轴铰接,因此,当主动叉旋转时,从动叉既可以随之转动,又可以绕十字轴中心在任意方向摆动。这就适应了主、从动叉所联系的二轴夹角变化的需要。但是由这种万向节联系的二轴的转速却是不相等的(即主动叉是匀速转动,但从动叉的转速相对于主动叉时快时慢,呈周期性变化)。

万向节传动过程中两个特殊位置时的情况。

(1) 十字轴平面与主动叉轴线垂直,与从动叉轴线成 α 角时的情形[图 5-10(a)]。

主动叉与十字轴连接点 a 的线速度 V_a 在十字轴平面内,从动叉与十字轴连接点 b 的线速度 V_b 在与主动叉平行的平面内,并且垂直于从动轴。点 b 的线速度 V_b 可分解为在十字轴平面内的速度 $V_b\cos\alpha$ 和垂直于十字轴平面的速度 $V_b\sin\alpha$。

由于十字轴是对称的,即 $o_a = o_b$,在万向节传动时,十字轴将绕定点 o 转动,故十字轴上 a、b 两点于十字轴平面内的线速度在数值上应相等,即 $V_a = V_b\cos\alpha$。

由此可得,当主、从动叉转到所述位置时,从动轴的转速大于主动轴的转速。

(2) 十字轴平面与从动叉轴线垂直,而与主动叉轴线成 α 角时的情形[图 5-10(b)]。

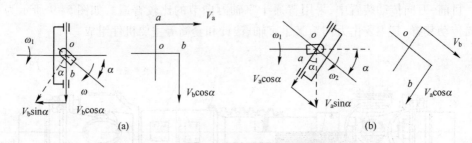

图 5-10　普通十字轴万向节传动的不等速性

在此时,主动叉与十字轴连接点 a 的线速度 V_a 在平行于从动叉的平面内,并且垂直于主动轴。线速度 V_a 可分解为在十字轴平面内的速度下 $V_a\cos\alpha$ 和垂直于十字轴平面的速度 $V_a\sin\alpha$。根据上述同样道理,在数值上 $V_b = V_a\cos\alpha$,即当主、从动叉转到所述位置时,从动轴转速小于主动轴转速。

由上述两个特殊情况的分析,可以得出,普通十字轴万向节在传动过程中,主、从动轴的转速是不等的。

普通十字轴万向节传动的不等速性,将使从动轴及与其相连的传动部件产生扭转振动,从而产生附加的交变载荷,影响部件寿命。因此,只有在传递扭矩和转速都很小,或两轴交角接近于零,即使有变动也不大的情况下才采用单个普通十字轴万向节来工作。实际中广为采用的是同时装用两个普通十字轴万向节,以达到万向传动装置最后输出端与输入端保持等速旋转。

为了实现等速传动,该装置中的两个万向节必须如图 5-11 所示进行安装,即第一个万向节从动叉 2 的叉平面和第二个万向节主动叉 3 的叉平面应位于同一平面内,使处于同一平面内的三根轴中,相邻两轴之间的夹角相等,即 $\alpha_1 = \alpha_2$。这里不再进一步说明。

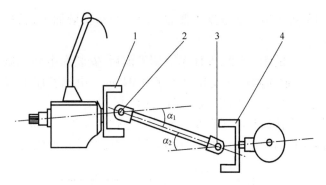

图 5-11　用普通万向节实现等速传动时的安装要求
1—主动叉;2—从动叉;3—主动叉;4—从动叉。
α_1、α_2—分别为两万向节主、从动叉轴线之间的夹角,且 $\alpha_1 = \alpha_2$。

5.4　变速齿轮箱

变速齿轮箱主要用于改变输入动力的旋转力矩和转速,按照发电机及其他设备的要求输出力矩和转速。由于发电机安装方式、转速需求的不同,变速齿轮箱结构与原理也不同,这里以某两型变速齿轮箱为例,介绍其原理。为了区别,根据其主要功能,分别称为过渡齿轮箱、增速齿轮箱。

5.4.1　过渡齿轮箱

1. 过渡齿轮箱的功能

过渡齿轮箱的主要功能如下:

(1)装备车辆处于自主供电模式时,实现从底盘发动机取力器获取动力,向双频发电机、液压油泵输出动力的功能。

(2)装备车辆处于外供电源模式时,实现从双频电机获取动力,向液压油泵输出动力的功能。此时,底盘发动机置空挡,使之与过渡齿轮箱之间的传动脱离。

(3)电站基座安装在底盘副车架上,为过渡齿轮箱、双频电机和隔离变压器提供安装平台。

2. 齿轮箱的基本结构

过渡齿轮箱主要由主齿轮箱、分齿轮箱、箱体、传动装置、密封装置、润滑系统、电站基座等部分组成,如图5-12所示。

过渡齿轮箱有一个输入接口、一个输出接口和一个双功能接口。输入接口与底盘发动机变速箱的取力器(以下简称"取力器")相连,输出接口与液压油泵相连,双功能接口与双频电机相连。

在取力器和过渡齿轮箱的输入接口之间,安装有470mm的万向传动轴作为转接件。过渡齿轮箱输入接口与双功能接口的旋向相反(均面向接口)。

过渡齿轮箱主齿箱的加油口、溢油口设置在左侧,过渡齿轮箱分齿箱的加油口设置在后侧,分齿箱的溢油口设置在左侧。

电站基座通过螺栓安装在底盘副车架的三个长矩形安装面上,长矩形安装面高出副车架上平面10mm。

电站基座具有一定的刚、强度,保证车辆调平前后,安装在电站基座上的双频电机输出轴、过渡齿轮箱输入轴的同轴度变化不大于0.04mm。电站基座上表面设置有过渡齿轮箱安装面、双频电机安装面、隔离变压器安装面。

在过渡齿轮箱输出接口与液压油泵之间设置电磁离合器。由该电磁离合器控制液压油泵是否参与过渡齿轮箱的运转(电磁离合器的控制段要设在液压油泵一端)。

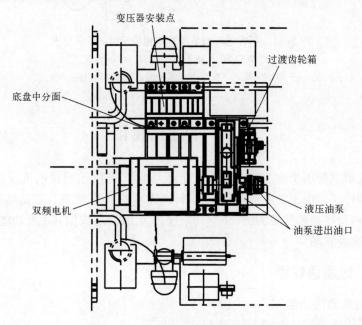

图5-12　电站基座及其装置安装图

3. 过渡齿轮箱的工作原理

1)自主供电状态

踩下离合器踏板,打开取力器开关,挂上汽车变速箱低速四挡,缓慢抬起离合器。将电子调速器开关打开,此时,汽车柴油机的转速上升至调速器预调转速。柴油机的动力经过汽车离合器、汽车变速箱、取力器、传动轴、分齿轮箱、主齿轮箱,分别传递给双频电机和液压油泵。

2)外供电状态

在外供电状态下,取力器处于断开状态,汽车变速器处于空挡位置。柴油机的动力不能传递到过渡齿轮箱。

外部市电通入双频电机时,电机转动旋转,带动过渡齿轮箱工作,并向液压油泵输出动力。

5.4.2　增速齿轮箱

柴油机的输出扭矩经过离合器、取力器和万向传动装置输入给增速齿轮箱。经齿轮箱变速后输出给中频发电机和工频发电机。

116

1. 增速齿轮箱的功能

由于中频发电机的频率是 400Hz,工频发电机的频率是 50Hz,两种发电机的工作转速不一致。增速齿轮箱的功能就是将柴油机输入的 1500r/min 转动速度,经过齿轮变速后以 1500r/min 和 4000r/min 两种转动速度同时输出。

2. 增速齿轮箱的构造

增速齿轮箱主要由壳体、传动部分和润滑部分组成。

1）增速齿轮箱壳体

增速齿轮箱壳体安装在汽车底盘车架的横梁上。壳体采用水平横剖,分上下两部分,便于拆装维修。上箱体设有观察窗、通气孔、油标尺等。下箱体设有温度报警器,如图 5-13 所示,在下箱体的底部设有放油螺塞。

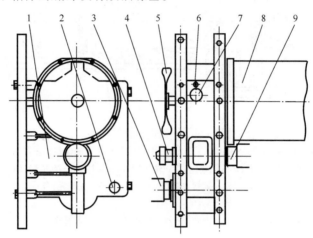

图 5-13 齿轮箱外部连接图

1—齿轮箱;2—机油温度报警器;3—输入轴;4—油泵;
5—风扇;6—油标尺;7—通风帽;8—发电机;9—输出轴。

2）传动部分

传动部分主要由输入轴、传动轴、输出轴以及各轴上的齿轮组成。传动部分的支撑全部采用滚动轴承,密封采用双联骨架式油封,如图 5-14 所示。

输入轴前后通过滚动轴承支撑在壳体上,前端装有联轴节、骨架油封,后面设有主动齿轮。前端联轴节与万向联轴节相连。

传动轴前后通过滚动轴承支撑在壳体上,前端连接有 BB－B10D 油泵,中间制有从动齿轮和大齿轮,后端通过平键与中间联轴节连接,在后滚动轴承的外端装有骨架油封。从动齿轮与输入轴上的主动齿轮啮合,大齿轮与输出轴上的小齿轮啮合,后端的中间联轴节与万向联轴节相连。

输出轴前后通过滚动轴承支撑在壳体上,轴承的外端均装有骨架油封。输出轴的前端装有风扇以利于增速齿轮箱的冷却,中部制有小齿轮,后端连接有连接盘。连接盘与中频发电机相连接。

3）润滑部分

增速齿轮箱采用压力润滑方式,BB－B10D 油泵将增速齿轮箱底壳内部的润滑油吸

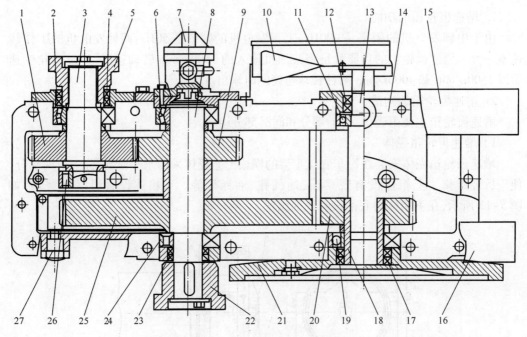

图 5-14　增速齿轮箱结构图

1—主动齿轮;2、6、11、19、24、26—轴承;3—输入轴; 4、12、17、23—骨架油封;5—输入联轴节;7—油泵;
8—传动轴;9—从动齿轮;10—风扇组;13—输出轴;14—箱体;15—前横梁;16—后横梁;
18—连接套;20—小齿轮;21—连接盘;22—中间联轴;25—大齿轮;27—温度控制器。

出、加压后,经管路强制喷射到齿轮表面和滚动轴承处进行润滑。

3. 增速齿轮箱的工作过程

柴油机起动后,经过暖机使之运转正常,在急速状态下切换取力器使之处于结合状态。此时,柴油机的动力经过万向传动装置及输入联轴节传给输入轴,输入轴上的主动齿轮带动从动齿轮转动,由于主从动齿轮的转速比是 1:1,因此传动轴上的转速与输入轴上的转速一致,即传动轴后端中间联轴节的输出转速与柴油机的转速一致。然而,大齿轮与小齿轮的转速比是 1:2.625,因此经过大、小齿轮的动力传递后,输出轴后端连接盘的输出转速既是柴油机转速的 2.625 倍。

用手油门平稳升至接近额定转速(汽车发动机的转速为 1500r/min),接通报警箱中间位置的电子调速器电源钥匙开关,调节中间位置的电子调速电位器,当中频电机达到额定频率时(亦可参考汽车发动机的转速表转速值为 1500r/min),确认无误后锁定该电位器,以防止振动位移。记住电位器圈数号盘读数和分度数,为下次调节作参考。经调节后,在柴油机转速为 1500r/min 时,中间联轴节的输出转速为 1500r/min,中频发电机连接盘的转速为 4000r/min。

发电机系统不宜在低转速下长期运行,在 85% 额定转速以下连续运行时间不应超过 10min。较长时间低速运转应将取力器处于分离状态。

当增速齿轮箱油温过高(≥90℃)时,齿轮箱上的温度控制器触点 1、2 闭合,操作报警箱上的油温高报警灯亮,但属于无声报警,也不停止供电。只有温度降低,恢复正常后油温高报警灯才会熄灭。

118

5.5 取力发电机组的控制技术

取力发电机组控制技术包括柴油机控制、发电机控制、输出控制及保护技术,不同机组实现的方法不同,但基本原理相同,本节以某型取力发电机组为例简要介绍。

5.5.1 取力发电机组的基本组成与工作原理

1. 取力发电系统的基本组成

取力发电机组为武器系统提供车载自备式作战电源。取力发电机组主要由汽车底盘柴油机、取力传动装置(取力器、传动轴、变速齿轮箱)、弹性联轴器、发电机、控制柜(主要包括发电速度控制器、电压调节器、电压保护板、频率保护板、测量仪表等)、油门控制机构、电调执行器、汽车底盘蓄电池、汽车底盘燃油箱等组成(图5-15)。

通常,发电机和变速箱通过安装横梁安装在车辆的底盘上,取力器从柴油机输出端取出动力,再通过传动轴与齿轮变速箱连接,齿轮变速箱与弹性联轴器刚性连接,弹性联轴器与发电机采用键刚性连接。

2. 取力发电机组的基本工作原理

取力发电机组的基本组成与工作原理如图5-15所示。工作时,在驾驶室通过蓄电池、起动电机起动柴油机,车辆底盘自身柴油机起动后,由取力器取出动力,通过传动轴、变速箱、联轴器向发电机传送扭矩,驱动发电机发电,同时也通过皮带驱动充电发电机给蓄电池充电。机组运行过程中,电子调速器利用转速传感器检测柴油机转速,通过电调执行器控制柴油机保持恒转速运行;电压调节器控制发电机输出所需的三相交流电电压恒定。

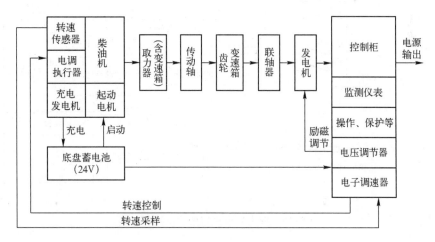

图5-15 取力发电机组原理框图

蓄电池给机组控制柜提供控制用直流24V电源。

机组通常具有过压、欠压、过频、欠频、过流及短路、油温、油压、缸温(风冷柴油机,水冷柴油机则为水温)、超速等保护功能,并同时配以相应的声、光故障报警功能。

5.5.2 取力发电机组柴油机控制电路

柴油机控制电路原理如图5-16所示,其中包括电压异常监测及其他保护电路,图中500线为蓄电池的"+"端,如不作特别说明,元器件均位于控制柜。

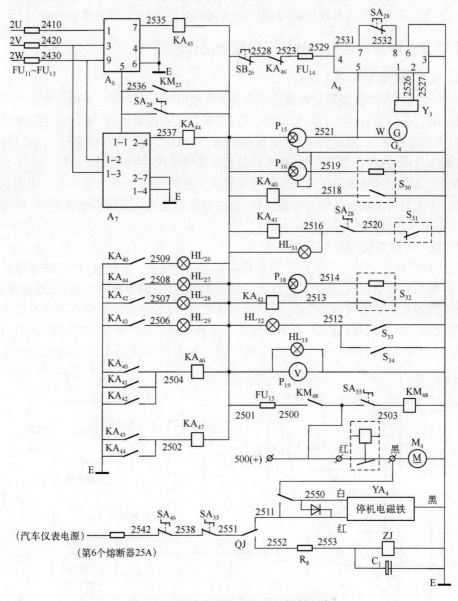

图5-16 取力发电机组柴油机控制电路

1. 起动及停机控制电路

机组取力发电起动时,将状态选择旋钮SA_{35}置于发电位置,SA_{35}的常开触点闭合,则直流接触器KM_{48}得电工作,其常开触点闭合,通过熔断器FU_{15},接通机组运行所必需的直流电源回路,直流电源指示灯HL_{33}亮,直流电压表P_{19}有指示,同时,SA_{35}的常闭触点断开,切断停机电磁铁YA_4的电源。然后,将油机控制旋钮SA_{28}置于急速位置(图中所示位

120

置),在驾驶室起动发动机(通过起动机电磁开关和起动机 M_4 起动),怠速运行后,将油机控制旋钮 SA_{28} 置于运行位置,则 SA_{28} 的三个触点动作,其中一个触点断开,给电子调速器 A_8 提供额速运行信号,使调速器按额定频率调速;而 SA_{28} 的另两个触点闭合,一个触点给油压继电器 KA_{41} 提供工作电源,即起动结束后,才进行油压的监测(因起动瞬间油压低,这样可以防止误动作);另一个触点给电压检测板 A_6、频率检测板 A_7 提供工作电源,即发电机额速运行建压后,进行电压、频率的保护。

需要停机时,将油机控制旋钮 SA_{28} 置于怠速位置,则 SA_{28} 的一个触点闭合,给电子调速器 A_8 提供怠速运行信号,使调速器按怠速调速;一个触点断开,切断油压继电器 KA_{41} 的通路,停止油压保护;第三个触点断开,切断电压检测板 A_6、频率检测板 A_7 的工作电源,停止电压、频率的保护。怠速运行 1min 后,在驾驶室踩下离合器,扳动转换旋钮,断开取力器,再踩下汽车排气制动钮,发动机停机。最后将面板上的状态选择旋钮 SA_{35} 置于行驶位置,断开机组控制电路的电源。

2. 调速电路

机组采用专用电子调速控制器(图 5-16 中 A_8)。调速器的工作电源由其接线端子 4 提供,其电路为:500 线→直流接触器 KM_{48} 的常开触点→熔断器 FU_{15}→紧急停机按钮 SB_{26}→停机继电器 KA_{46} 的常闭触点→熔断器 FU_{14}→调速器 A_8 的端子 4。

转速输入信号采用充电发电机 G_4 的输出,同时,G_4 也给转速小时计 P_{15} 提供转速信号。充电发电机未发电之前,电子调速器收不到频率信号不能工作。因此,使用工频取力发电机时,在驾驶室起动发动机并接通取力器后,应踩一下油门,将发动机转速升至 1000r/min,使充电发电机建压,此时再松开油门,电子调速器收到信号投入工作,则发动机在电子调速器 A_8 控制下怠速运行。起动结束后,将油机控制旋钮 SA_{28} 置于运行位置,则发动机在电子调速器控制下按额定转速运行。电子调速器的输出控制电调执行器 Y_3,由 Y_3 调节发动机的油门大小实现调速。

3. 保护电路

机组设有完善的保护电路,包括电压异常、频率异常、缸温高、油温高、油压低保护,其中电气参数异常时自动断电,而热工参数异常时自动断电且关机。

电压异常由电压检测板 A_6 监测。当检测到电压异常时,A_6 中的继电器触点闭合,使 7 脚变为低电平,电压异常继电器 KA_{43} 工作,其两个常开触点闭合,一个触点接通电压异常指示灯 HL_{29} 的电路,电压异常指示灯亮;另一个触点接通断电继电器 KA_{47} 的工作电路。KA_{47} 工作后,其常闭触点切断输出接触器 KM_{23} 的线圈通路(图 5-18),使 KM_{23} 停止工作,主触头断开,实现断电保护。

频率异常由频率转速检测板 A_7 监测。当检测到频率异常时,A_7 中的继电器触点闭合,使 2-4 脚变为低电平,频率异常继电器 KA_{44} 工作,其两个常开触点闭合,一个触点接通频率异常指示灯 HL_{27} 的电路,频率异常指示灯亮;另一个触点接通断电继电器 KA_{47} 的工作电路,保护与电压异常相同。

机组运行过程中,若出现缸温高故障,则缸温传感器 S_{30} 的常开触点闭合,缸温高继电器 KA_{40} 工作,其两个常开触点闭合,一个触点接通缸温高指示灯 HL_{26} 的电路,缸温高指示灯亮;另一个触点接通停机继电器 KA_{46} 的工作电路。KA_{46} 工作后,其两个常闭触点断开,其中一个常闭触点切断输出接触器 KM_{23} 的线圈通路,使 KM_{23} 停止工作,主触头断开,实现断电保护;另一个常闭触点切断电子调速器的电源,停止调速并关机,实现停机保护。

机组运行过程中,若出现油压低故障,则油压传感器 S_{31} 的触点闭合,油压低继电器 KA_{41} 工作,油压低指示灯 HL_{31} 亮。KA_{41} 工作后常开触点闭合,接通停机继电器 KA_{46} 的工作电路,KA_{46} 工作后保护如上所述。

机组运行过程中,若出现油温高故障,则油温传感器 S_{32} 的常开触点闭合,油温高继电器 KA_{42} 工作,其两个常开触点闭合,一个触点接通油温高指示灯 HL_{28} 的电路,油温高指示灯亮;另一个触点接通停机继电器 KA_{46} 的工作电路,KA_{46} 工作后保护如上所述。

机组运行过程中,若出现严重故障,则可以按压面板上的紧急停机按钮 SB_{26},实施断电和紧急关机。SB_{26} 有两个常闭触点,其中,一个常闭触点切断输出接触器 KM_{23} 的线圈通路,使 KM_{23} 停止工作,主触头断开,实现断电保护;另一个常闭触点切断电子调速器 A_8 的电源,停止调速并关机,实现停机保护。

如图 5-16 中,G_4 为充电发电机;P_{15} 为转速小时计,指示柴油机转速,其内部计时器累计柴油机工作时间;P_{16} 为缸温表,指示柴油机缸体温度;P_{18} 为油温表,指示柴油机机油温度。各仪表内自带照明灯,接通直流电后,仪表内的照明灯亮。S_{33}、S_{34} 为空气滤清器传感器。当柴油机空气滤清器滤芯严重堵塞时,传感器触点闭合,空滤指示灯 HL_{32} 亮。ZJ 为汽车继电器,QJ 为气刹继电器,S_{46} 为闪光开关。

5.5.3　取力发电机组电源及其控制电路

1. 发电机电路

取力发电原理电路如图 5-17 所示,图中 G_2 为无刷同步发电机,该发电机采用相位复式励磁方式(简称相复励),其中 $VD_8 \sim VD_{13}$ 为旋转整流器,T_{10} 为相复励互感器,VD_{14} 为整流桥,A_9 为自动电压调节器,采用可控相复励方式。R_7 为电压整定电位器,调节 R_7 即改变了发电机的整定电压。

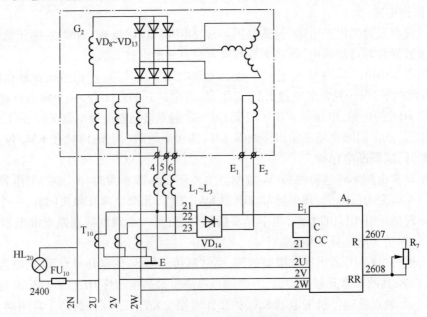

图 5-17　取力发电机原理电路

122

发电机在底盘柴油机驱动下发电正常后,取力发电指示灯 HL_{20} 即亮,其电路为:电源 U 相→熔断器 FU_{10}→取力发电指示灯 HL_{20}→零线 N。

2. 电源电路

电源电路如图 5-18 所示,由图可以看出,主电源母线电路为:发电机(2U、2V、2W、N)→塑壳断路器 QF_3→电流互感器 T_6-T_8→工频输出接触器 KM_{23}→工频输出插座 X_6。

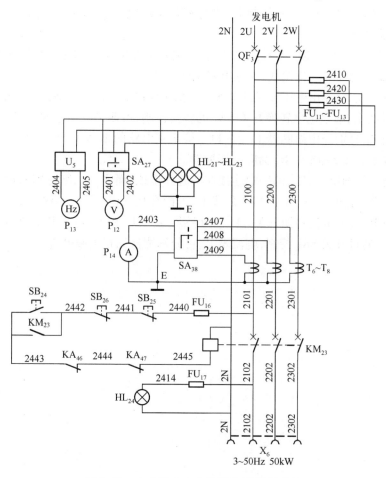

图 5-18 取力发电主电路及控制电路原理

图中,QF_3 为手动操作断路器,用于发电机的过载及短路保护。QF_3 闭合后才能进行电压、频率的测量和转速的控制。

3. 电源控制电路

电源控制电路主要是指工频输出接触器 KM_{23} 的控制电路,原理电路如图 5-18 所示。由图可知,当按压工频输出/接通按钮 SB_{24} 时,KM_{23} 线圈得电,其主触头闭合。线圈电路为:电源 U 相→熔断器 FU_{16}→工频输出/断开按钮 SB_{25}→紧急停机按钮 SB_{26}→接通按钮 SB_{24}→停机继电器 KA_{46} 常闭触点→断电继电器 KA_{47} 常闭触点→KM_{23} 线圈→零线 N。KM_{23} 主触头闭合后,主电源经工频输出插座 X_6 输出。同时,工频输出指示灯 HL_{24} 亮,其电路为:电源 U 相→熔断器 FU_{17}→工频输出指示灯 HL_{24}→零线 N。KM_{23} 工作后,其两个常开辅助触点闭合,其中一个将 SB_{24} 旁路,实现 KM_{23} 的自保;另一个给电压检测板 A_6、频

123

率转速检测板 A_7 提供工作电源,其电路为:500 线(蓄电池 + 端)→直流接触器 KM_{48} 的常开触点→熔断器 FU_{15}→A_6、A_7(图 5-16)。

当按工频输出/断开按钮 SB_{25} 时,KM_{23} 线圈失电停止工作,其主触头断开,切断主电源的输出。同时,工频输出指示灯 HL_{24} 熄灭。

若运行中,发生柴油机故障或发生电气故障,则在断电继电器 KA_{47}、停机继电器 KA_{46} 或紧急停机按钮 SB_{26} 三者之一控制下,切断 KM_{23} 的线圈回路,KM_{23} 停止工作,实现保护。

4. 测量电路

测量电路主要指主电源参数测量装置,其主要由电压表、电流表、频率表及转换开关、信号灯、电流互感器等元件组成,原理电路见图 5-18。

交流电压表 P_{12} 经由电压转换开关 SA_{27}、熔断器 FU_{11} ~ FU_{13} 分别接于主电路的 U、V、W 三相的母线上,通过电压转换开关 SA_{27} 的转换控制,可测量三相电源的线电压。

频率表 P_{13} 分别经由熔断器 FU_{11} ~ FU_{12} 接于主电路的 U、V 母线上,其测量的为 U、V 线电压的频率。图 5-18 中 U_5 为频率变换器。

绝缘指示灯 HL_{21} ~ HL_{23} 的一端连接在一起并接地,而另一端则分别通过熔断器 FU_{11} ~ FU_{13} 接于主电路的 U、V、W 三相的母线上,可检查其三相电源的绝缘状况。

电流表 P_{14} 经由电流转换开关 SA_{38} 与互感器 T_6 ~ T_8 相连,可见其电流测量采用的是三互感器法,通过开关 SA_{38} 控制,电流表 P_{14} 可分别测量三相负载电流。

第6章 燃气涡轮发电机组

作为地面武器系统重要的独立供电设备之一,燃气涡轮发电机组具有体积小、重量轻、低温起动迅速、环境适应性好等优点,供电所需时间短,可有效提高地面武器系统的机动性,虽然也有油耗高、经济性较差、维护使用复杂、寿命较短等缺点,但瑕不掩瑜,凭借其突出的供电快速性优势,依然广泛应用于地面武器系统,用于机动作战时的应急供电。

6.1 燃气涡轮发电机概论

6.1.1 燃气涡轮发电技术介绍

1. 燃气涡轮发动机发展概述

燃气轮机是20世纪兴起的一种新型动力机械,从20世纪中叶开始迅速的发展,为今天的高速航空及宇航时代奠定了基础。随后在发电、海陆交通、石化等诸多领域发展。

燃气轮机是由高速旋转的叶轮构成,将燃料燃烧产生的热能直接转换成机械功对外转式动力机械。例如,中国南宋高宗年间(1131—1162年)使用的走马灯就是靠蜡烛火焰产生上升的热气吹动顶部的叶轮来带动剪纸或者绘画中的人马旋转。

1791年,英国人巴贝尔(J. Barber)登记了第一个燃气轮机(Gas Turbine)设计专利。但该设计未被人们所重视,未进行制造和试验,但它标志着燃气轮机进入了具体研制时期。1872年,德国人斯托尔兹(F. Stolze)设计制造了一台燃气轮机,1904年进行了试验,由于部件效率低且进入涡轮的气体温度低,机组未能独立运行而失败。1905年,法国人拉马尔(C. Lemale)和阿蒙格(Armengaud)制造了一台与现代形式相同的燃气轮机,但效率太低(3% ~4%),后来试验了数年,由于未能提高效率而未获得实用,该机组发展失败的原因仍然是低效率和进入涡轮的气体温度不高所致。上述机组部件效率低,主要是指压气机效率,仅60%左右或更低,压气机损耗功大而使机组无法输出功率或仅有少量功率输出。

随着空气动力学的发展,人们掌握了压气机叶片中气体扩压流动的特点,解决了轴流式压气机的问题,因而在20世纪30年代中期出现了效率达85%的轴流式压气机。与此同时,涡轮效率也有了提高。在高温材料方面,出现了能承受600℃以上高温的铬等耐热钢,因而能采用较高的燃气初温,使得制成能使用的燃气轮机的条件成熟了。

1939年,瑞士布朗·波维利公司(BBC)制成了一台4000kW发电用燃气轮机,效率达18%。同年,由德国人奥海因(V. Ohain)设计的推力为4900N的涡轮喷气发动机通过了地面试验,并装在飞机上试飞成功。从此燃气轮机进入了实用阶段,并开始迅速发展。

2. 微型燃气轮机发电技术概述

微型燃气轮机是把燃气轮机小型化,其单机功率范围为 25～300kW。其主要部件包括离心式压气机、单筒形燃烧室、向心式涡轮等。微型燃气轮机动力部件设计构造衍生于涡轮增压器和辅助动力装置,概括来说,它是以径流式叶轮机械为技术特征的。通过采用径流式叶轮机械,即向心式涡轮与离心式压气机,可使装置结构简单、紧凑,便于移动。因而微型燃气轮机具有重量轻、体积小、起动快、可燃用多种燃料、不用冷却水、低振动、低维修率、可遥控和诊断等一系列先进技术特征。

采用微型燃气轮机为动力源的发电技术的特征有:发电容量小,占地面积少,设备大小犹如一台电冰箱;在发电时产生的废热还能够被再利用,构成"热电并用系统",从而提高能源综合利用效率;废气排出少,对环境污染程度较轻;是提供清洁、可靠、高质量、多用途、小型分布式发电及热电联供的最佳方式。因此,微型燃气轮机发电技术在世界各国均得到了大力发展,特别是在美、日、欧等发达国家及地区发展迅猛。美国和日本都有多家企业在积极开发制造相应的设备。美国卡普斯顿公司已经制造出 65 千瓦级微型燃气轮机发电装置,发电效率达到 26%;霍尼威尔公司成功开发了 75 千瓦级的发电设备,发电效率为 28.5%。

从国家安全和国防应用看,微型燃气轮机也十分重要,微型燃气轮机这样一类新型的小型分布式发电和动力装置应用广泛。微型燃气轮机在民用交通运输(混合动力汽车)、军用车辆以及陆海边防方面均具有优势,无论是用于飞机、舰船辅助动力,还是军用车辆动力,甚至武器发电设备,还可用于国家重要公共设施如机场、车站、邮电、银行、医院、军营等常规机组或紧急备用机组等。

6.1.2　燃气涡轮发电机功用和组成

1. 用途

采用燃气涡轮发动机驱动发电机向用户提供电能。

2. 组成

（1）发动机机体;

（2）同步无刷激磁发电机;

（3）空气滤清器;

（4）引射器(喷出脏东西或空气);

（5）增压泵(压油);

（6）燃油粗滤器;

（7）燃油细滤器;

（8）燃油调节泵;

（9）机油滤清器;

（10）机油泵;

（11）起动箱;

（12）限流组合;

（13）点火附件;

（14）温度信号器;

（15）检查仪表（温度、转速表、电压）；

（16）转换组合；

（17）极限转速信号器；

（18）备份器材。

6.1.3 燃气涡轮发动机总体结构

1. 组成

（1）离心式压气机；

（2）轴向式涡轮；

（3）燃烧室；

（4）减速器；

（5）外部其他附件。

2. 主要部件的功用

（1）离心式压气机：吸入空气压缩后送入燃烧室；

（2）燃烧室：燃烧燃油增加燃气温度；

（3）轴向式涡轮：将燃气热能转化为机械能；

（4）减速器：将发动机转速从高转速降低到低转速，并传输给发电机。

6.1.4 燃气涡轮发动机工作原理

燃气涡轮发动机工作原理图如图6-1所示。

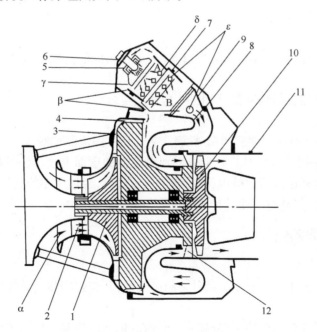

图6-1 燃气涡轮发动机工作原理图

1—压气机叶片；2—进气装置；3—辐射式扩压器；4—轴向式扩压器；5—涡流器；

6—喷油器；7—燃烧室外壳；8—集气室；9—燃烧室；10—涡轮叶片；11—排气管；

12—喷射设备；α—进气道；β、γ—缝隙；δ、ε—孔；A—燃烧带（区）；B—混合带（区）。

127

经过过滤的空气通过压气机的进气道进入压气机叶片的间隙道,旋转的叶片使空气在离心力的作用下被压缩,冲向叶轮的外缘,空气的压力和速度继续增高(气流速度接近于叶轮的圆周速度),高速气流经过叶轮之后经过辐射式扩压器后压力增大,速度降低;然后再经过轴向式扩压器,压力又进一步升高,压缩空气源源不断地被送往燃烧室。

在燃烧室压缩空气分成两股,第一股气流进入火焰管,然后进入燃烧室,再经过旋流器、缝隙、气孔进入燃烧室 A,在旋流器的作用下,空气形成强烈的涡流,喷油器向涡流中喷出燃油,同时火花塞点燃混合气,燃气开始燃烧,第一股气流将燃烧绝大部分燃油。第二股气流绕过缝隙和气孔进入混合区 B,这个混合区温度降低,在混合区补燃没有燃烧的燃油。它可以冷却火焰管。从燃烧室出来的燃气仍具有很高的能量,经过喷气管,压力降低,温度降低,气流速度骤增,高速气流喷向涡轮的叶片,在压力差的作用下,涡轮高速旋转,这样热能就转变为机械能。从涡轮出来的燃气通过尾喷管进入大气。涡轮高速旋转带动压气机高速旋转,使空气源源不断地被吸入。

6.2　燃气涡轮发动机的主要系统

燃气涡轮发动机的主要系统包括空气清洁系统、润滑系统、燃油供给和调节系统。

6.2.1　空气清洁系统

1. 功用

燃气涡轮发动机的空气清洁系统主要用于清除进入密封舱内空气中的灰尘,以减小发动机的磨损,延长其使用寿命。

2. 组成

空气清洁系统包括空气清洁器、喷射器(或者称为引射器)、导气管、排气短管和过滤网等。

其中空气清洁器包括涡流器、聚尘器(盒)、法兰盘等。

3. 工作原理

空气清洁系统工作原理如图 6-2 所示。空气经过涡流器被吸入,在涡流器中高速旋转,在离心力的作用下,空气中的灰尘被甩到涡流器的壁面上去,经过吸尘装置被吹出。干净的空气经涡流器进入密封舱内,然后再进入压气机,经过压缩的空气有一少部分通过导气管进入聚尘器,将脏空气通过排气短管吹出。

6.2.2　润滑系统

1. 功用

润滑系统的主要作用是减小运动件之间的摩擦,并起到冷却运动件的作用。

2. 组成

润滑系统的组成包括机油泵、分配盒、通气孔、机油散热器、机油喷嘴、集油盘、放油开关及软管、机油箱、油尺、进油管和出油管。

机油泵包括一个压油泵和三个吸油泵。压油泵用于将机油箱中的机油以一定的压力送给运动部件。吸油泵的作用是将润滑系统中多余的机油吸入到机油箱。分配盒包括机

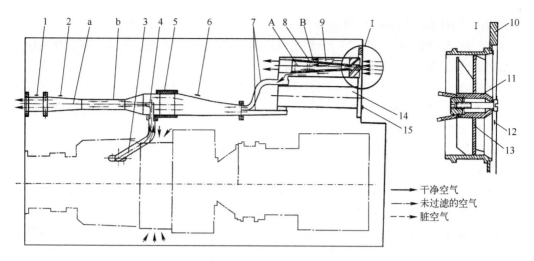

图 6-2　空气清洁系统工作原理图

1—喷管;2—喷射器(引射器);3—导气管;4—喷嘴;5—金属软管;6—抽气罩;7—聚尘器;8—圆锥形的栅;
9—外壳;10—法兰盘;11—轴承;12—入口;13—叶片;14—涡流器;15—空气滤尘器(空气清洁器);
a—扩散器;b—混合室;A—带状的圆锥形的栅;B—孔(缝)。

油滤清器、旁通阀门、转换活门、限压阀门和放油开关。机油滤清器的功用是将机油中的杂质过滤出来,向润滑系统提供干净的机油。机油散热器的功用是用于降低机油的温度。

3. 工作过程

润滑系统如图 6-3 所示。在机油泵压油泵的作用下,机油箱中的机油经集油盘被压

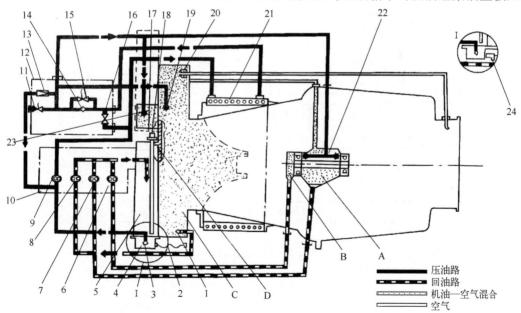

图 6-3　润滑系统

1、3—集油盘;2—放油软管;4—收油池;5—机油箱;6、7、8—吸油泵组;9—压油泵组;10—机油泵总成;11—放油活门;
12—分配盒;13—限压阀门;14—机油滤清器;15—旁通阀门;16—机油转换活门;17—机油加注口;18—机油尺;
19、22、23—喷嘴;20—过滤网;21—机油散热器;24—放油活门;A、B—油腔;C—变速器油腔;D—孔。

129

入机油散热器(温度较高时),机油经散热器散热后进入机油滤清器,经过滤后干净的机油分成三路经喷嘴润滑运动部件,分别是涡轮轴、压气机轴和减速器齿轮。然后在回油泵的作用下,机油分别经过回油管回到机油箱。

当机油压力过高时,机油限压阀打开以便使机油返回到机油泵入口,从而减小机油泵出口压力;当机油温度较低时,机油不经过散热器,而是经转换活门直接进入机油滤清器;当机油滤清器堵塞时,机油经旁通阀直接进入主油道。

涡轮轴、压气机轴和减速器齿轮通过管道相连,并与大气保持连通,以防止润滑油雾压力过大而造成事故。

润滑流程为:机油箱→集油盘→机油泵(压油)→散热器→分配盒→机油滤清器→分成三路润滑运动部件(涡轮轴、压气机轴和减速器齿轮)→机油泵(吸油)→机油箱。

机油箱有注油孔,并有油尺,油尺有"最大、最小"两个刻度,机油连续使用不得超过48h。

6.2.3 燃油供给和调节系统

1. 功用

自动保证在任何状态下向燃烧室供给燃油。

2. 组成及主要部件的功用

燃油供给和调节系统如图6-4所示。燃油供给系统的组成包括燃油箱、密封开关、粗滤器、输油泵、调节泵、细滤器、节油门、电磁活门、电加热器、燃气加热器、喷油器等。

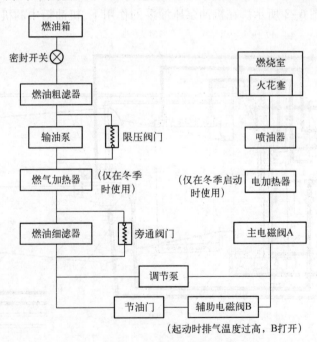

图6-4 燃油供给和调节系统

下面介绍各主要部件的功用。

1)粗、细滤清器。用于除去燃油中的机械杂质。

2）输油泵。将燃油从油箱中输入到调节泵。

3）电磁阀。电磁阀有两个,分别是主电磁阀 A 和辅助电磁阀 B。

主电磁阀 A 的作用:将调节泵燃油送给喷油嘴,并用来关闭发动机。

辅助电磁阀 B 的作用:在起动燃气涡轮发动机时,如果排气温度过高,温度信号器发出信号,此电磁活门打开,将部分燃油送回到调节泵,即减少了供油量。

4）调节泵。根据发动机的负荷、转速、温度等调节供油,并按照一定的规律向发动机供油。

5）加热器。用于冬季启动发动机时使用,发动机起动后即自行关闭。

6）燃气加热器。用于冬季气候时,利用发动机的排气加热燃油。

7）喷油器。用于向燃烧室内喷入雾状燃油。

8）节油门。当辅助电磁阀 B 打开时,用于缓冲燃油压力,以免发动机因供油不足而停车。

9）火花塞。用于启动发动机时点燃燃油,发动机起动后火花塞即自行关闭。

3. 工作过程

在燃油增压泵(安装在燃油箱内)的作用下,燃油经密封开关进入燃油粗滤器,经粗滤后进入燃油输油泵(与输油泵并联的是限压阀,当输油泵出口压力过高时限压阀打开以保持输油泵出口压力)。在输油泵的作用下,燃油进入燃气加热器(仅在冬季使用)预热,然后进入燃油细滤器(与细滤器并联的是旁通阀,当滤清器堵塞时,燃油经旁通阀直接进入调节泵),经过细滤器过滤后的燃油进入调节泵,调节泵根据发动机的转速、负荷、排气温度等调节发动机供油量。调节泵将燃油经主电磁阀 A、燃油电加热器(仅在冬季起动工作)送给喷油器喷入燃烧室燃烧。在起动燃气涡轮发动机时,如果排气温度过高,温度信号器发出打开辅助电磁阀 B 信号,辅助电磁阀 B 打开后将部分燃油送回到调节泵,即减少了供油量。当辅助电磁阀 B 打开时,用于缓冲燃油压力,以免发动机因供油不足而停车。

6.3 燃气涡轮发动机的电气设备

6.3.1 功用和组成

1. 功用

电气设备的作用是用于控制发动机,并检查发动机的基本技术参数;发动机的控制可以本地控制,又可以实现远距离遥控,并可以通过控制面板目视检查机组的主要参数。

2. 主要设备组成及功用

1）起动箱。用于发动机的冷启动、电路转换、启动和关闭发动机等。

2）电动机。用于启动燃气涡轮发动机。

3）火花塞和点火附件。用于启动发动机时点燃混合气。

4）限流组合。用于启动发动机时限制电流峰值。

5）转换组合。用于接通温度信号器和极限转速信号器,同时接收来自控制台的指令和信号;所有指令和信号都进入转换组合。

6）极限转速信号器。在发动机转速超过允许值时送出信号关机。

7）温度信号器。温度信号器在启动发动机时,当排气温度过高(高于某个参数值)时,将信号送给辅助电磁阀 B;在发动机工作时,当排气温度过高(高于某个参数值)时,向主电磁阀 A 发出信号关闭该阀门。

8）压力信号器。作用是当发动机机油压力正常时,向控制台发出信号,机油压力信号灯灯亮,当压力值不正常时,产生信号使发动机关机。

9）电加热器。在冬季天气寒冷时,为启动发动机时预热燃油。

10）输油泵电动机。用于将燃油输送到调节泵。

11）调节泵遥控机构。用于调节泵的调整。

12）转速表、排气温度表和计时器。用于相关参数的监测。

13）调节泵负载开关。用于发出发动机负载可以接通信号,并且送到控制台使发动机工作信号灯亮。

14）发电机。同步发电机由燃气涡轮发动机来带动,向用户提供交流电,该发电机属于无接触式同步发电机,并且带有内装置式励磁机,因为它本身没有电刷,所以它工作的可靠性很高。它包括定子、转子、轴承和励磁机系统。

6.3.2 冷启动时电气设备的工作原理

发动机长期不工作的情况下,在进行启动前必须要冷起动发动机,然后才能启动发动机,主要是为各个运动件提供一定量的机油,并清除舱内的脏空气。另外,发动机由于启动失败,排除故障后再次启动发动机时必须进行冷启动,目的是通过冷起动将燃烧室内未燃烧的燃油排出,以便于发动机的启动。发动机工作后关机时间不长时,如果需再次启动时,则不需冷启动发动机,而直接启动发动机。

冷启动是指不给发动机供油,由起动机带动发动机空转,其指令流程如图 6-5 所示。

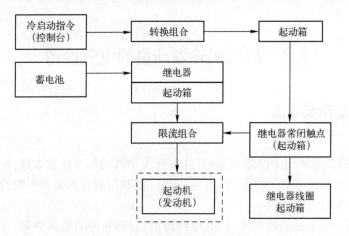

图 6-5 冷启动过程指令流程图

冷启动过程仅能在本控台上实施,不能遥控,冷启动的时间取决于接通冷启动开关的时间,接通时间通常为规定时间。

冷启动工作过程:冷启动指令来自于本控台,该指令通过控制电缆发给转换组合,转换组合控制起动箱,启动箱通过限流组合将蓄电池电源通过延时后加到起动机上,起动机带动燃气涡轮发动机运转,但是起动箱中的继电器线圈没有接通燃油阀,没有向燃烧室供给燃油,启动过程中也没有接通点火附件,也不点火,冷启动时间取决于本控台冷启动指令时间。

图中用虚线框表示在冷起动过程中一直处于工作状态的元件。启动电动机在冷启动过程中一直处于工作状态。

6.3.3 启动和工作时电气设备的工作原理

启动和工作均可以通过本控和遥控实施。本控和遥控时,指令流程基本相同。启动和工作时的指令流程如图6-6所示。

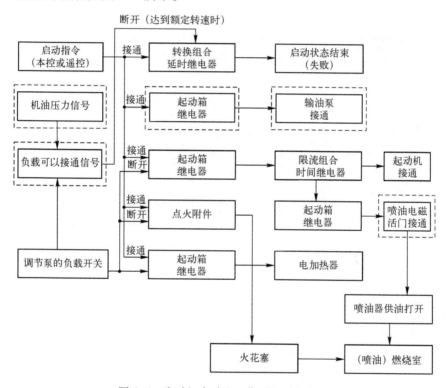

图6-6 发动机启动和工作时的指令流程

燃气涡轮发动机的启动指令分为以下五路。

(1)启动指令进入转换组合,接通时间继电器,当起动时间超过规定时间时发出启动状态结束,启动失败的信号。

(2)启动指令进入起动箱,接通继电器,通过继电器接通燃油输油泵。

(3)启动指令进入起动箱,接通继电器,通过继电器接通限流组合和启动电机,并通过限流组合接通起动箱的继电器,通过继电器接通主电磁活门(供油)。

(4)启动指令进入点火附件,通过点火附件接通火花塞点燃混合气(燃油与空气)。

(5)启动指令进入起动箱,接通继电器,通过继电器接通电加热器给燃油预热。

当机油压力正常、发动机达到额定转速时调节泵发出可以接通负载信号,该信号送给转换组合,断开时间继电器。

当发动机启动后,调节泵发出断开指令,分别断开起动电机、火花塞和电加热器。

图中虚线框启动箱继电器(用于控制输油泵)、输油泵电机、主电磁阀表示在工作时间均处于接通状态。

6.3.4 发动机关闭时电气设备工作原理

本控和遥控均可实施关机,它们的指令流程基本相同。发动机关闭时指令流程如图6-7所示。

关机指令来自本控台或遥控台,该指令进入起动箱,断开主电磁阀,关闭燃气涡轮发动机燃油;同时断开输油泵;断开保护电路中的极限温度信号、极限转速信号器电源;关机过程结束。

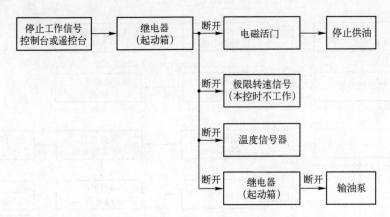

图6-7 发动机关闭时指令流程图

第7章 静止变频电源

随着电力电子技术的发展与应用,静止变频电源日渐成为军用移动电站的主要设备之一,静止变频电源基于现代电力电子技术、大功率半导体开关器件以及计算机控制技术,将50Hz工频电源变换为400Hz中频电源。当有市电时,可以不启动柴油发电机组,而由静止变频电源工作,为负载提供训练、检测和试验电源,可降低柴油发电机组的运行及维护费用,提高机组的使用寿命。

7.1 电力电子器件

7.1.1 电力电子器件概述

电力电子器件(Power Electronic Device,PED)是指在电能变换与控制的电路中,实现电能的变换或控制的电子器件。

由于电力电子器件直接用于处理电能的主电路,为了减小器件自身的损耗、提高效率,电力电子器件一般都工作在开关状态。当器件导通时阻抗很小,接近于短路,管压降接近于零,电流由外电路决定。当器件阻断时阻抗很大,接近于断路,电流几乎为零,管子两端电压取决于外电路。这种工作状态就像普通晶体管的饱和与截止一样。

在实际应用中,电力电子器件通常需要信息电子电路控制。由于电力电子器件所处理的电功率较大,因此需要对普通的信息电子电路控制信号进行适当的放大,也就是电力电子器件需要驱动电路。控制电路的元器件能承受的电压和电流都较小,主电路的电压和电流都比较大,因此,在控制电路和主电路的连接处通常都要进行电气隔离(采用光、磁等)。主电路中往往存在电压和电流的过冲,而电力电子器件比一般主电路中的电器元件承受过压、过流的能力要差一些,所以在控制电路和主电路中必须采取一定的保护措施,如采用缓冲电路,抑制 $\mathrm{d}u/\mathrm{d}t$、$\mathrm{d}i/\mathrm{d}t$ 等。为减小开关损耗,还要求电力电子器件的断态与通态间的转换时间极短,即开关速度要快。

电力电子器件发展非常迅速,品种也非常多。

(1)按照电力电子器件的受控方式,可将其分为不可控、半可控和全控器件三类。

① 不可控器件:器件本身没有导通、关断控制能力,需要根据电路条件决定其导通、关断状态。这类器件包括普通整流二极管、肖特基整流二极管等。

② 半控型器件:通过控制信号只能控制其导通,不能控制其关断。这类器件包括普通晶闸管(SCR),快速、光控、逆导、双向晶闸管等。

③ 全控型器件:通过控制信号既可控制其导通又可控制其关断。门极可关断晶闸管(GTO)、电力晶体管(GTR)、功率场效应晶体管(功率 MOSFET)、绝缘栅双极型晶体管

（IGBT）等均属于全控型器件。

（2）按照器件内部电子和空穴两种载流子参与导电的情况,可将电力电子器件化分为单极型、双极型和混合型三类。

① 单极型器件:由一种载流子参与导电的器件,如功率 MOSFET 管等。

② 双极型器件:由电子和空穴两种载流子参与导电的器件,如 PN 结整流管、普通晶闸管、GTR 等。

③ 混合型器件:由单极型和双极型两种器件组成的复合型器件,如 IGBT 等。

（3）按照控制信号的不同,电力电子器件可分为电流控制型和电压控制型两类。

① 电流控制型器件:采用电流信号来实现导通或关断控制的器件,如 SCR、GTR 等。

② 电压控制型器件:采用场控原理对其通/断状态进行控制的器件,如功率 MOS-FET、IGBT 等。

在静止变频电源中应用的电力电子器件主要为功率二极管、IGBT 和 MOSFET。SCR在静止变频电源的输入整流电路及其软起动中有少量应用,GTR 由于驱动较为困难、开关频率较低,逐渐被 IGBT 和 MOSFET 所取代。二极管相对较简单,因此本节将主要介绍SCR、IGBT 和 MOSFET 的工作原理、主要参数及驱动方法。

7.1.2　晶闸管

晶闸管(Thyristor)是晶体闸流管的简称,早期称为可控硅整流器(Silicon Controlled Rectifier,SCR)简称为可控硅。晶闸管的出现开辟了电力电子技术迅速发展和广泛应用的崭新时代,在电力电子学的发展中起到了非常重要的作用。

1. 晶闸管的结构和基本工作原理

晶闸管是一种四层三端结构的大功率半导体器件,其电气符号如图 7-1(a)所示,内部为 PNPN 四层半导体结构,可看成由两个晶体管构成的,如图 7-1(b)所示,共有阳极 A、阴极 K 和门极 G三个极。如果给晶闸管加正向阳极电压,只能流过很小的漏电流,如果给晶闸管加反向阳极电压,也仅有极小的反向漏电流通过。如果晶闸管承受正向阳极电压,同时外电路向门极注入电流 I_G,也就是注入驱动电流,则内部两个晶体管完全进入饱和状态,即使撤掉外电路注入的电流 I_G,晶闸管仍会继续维持其导通状态。对晶闸管的驱动过程一般称为触发,产生门极触发电流 I_G 的电路称为门极触发电路。晶闸管一旦导通,门

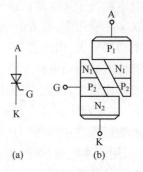

图 7-1　晶闸管的符号与结构模型
（a）电气符号；（b）双晶体管模型。

极就失去了控制作用。若要使晶闸管关断,必须去除阳极所加的正向电压,或设法使流过晶闸管的电流降低到接近于零的某一数值以下,或者给阳极施加反压。门极能够触发晶闸管导通,不能控制其关断,所以晶闸管被称为半控型器件。

2. 晶闸管的基本特性

1）静态特性

如图 7-2 所示为静态运行情况下晶闸管的伏安特性。位于第 I 象限的是正向特性,位于第 III 象限的是反向特性。

在门极开路($I_G = 0$)的情况下,晶闸管在正向阳极电压作用下,仍处于正向阻断状态,只有很小的漏电流流过。如果正向电压超过临界极限即正向转折电压 U_{bo} 时,则漏电流急剧增大,特性由高阻区经负阻区到低阻区,器件进入导通状态。随着门极电流幅值的增大,正向转折电压降低。导通后的晶闸管特性和二极管的正向特性类似。导通后,如果使门极电流为零,并且阳极电流降至接近于零的某一数值 I_H 以下,则晶闸管又恢复为阻断状态。I_H 是维持晶闸管导通所需的最小阳极电流,称为维持电流。当阳极施加反向电压时,其反向特性与二极管反向特性相似。

2)动态特性

如图 7-3 所示为晶闸管开通和关断的波形。

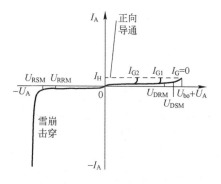

图 7-2　晶闸管的伏安特性

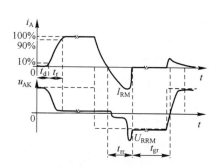

图 7-3　晶闸管的开通和关断过程波形

(1)开通过程:晶闸管受到触发后,其阳极电流的建立要经历一个过程。从门极电流阶跃时刻开始,到阳极电流上升到稳态值的 10% 所需的时间称为延迟时间 t_d(普通晶闸管为 $0.5 \sim 1.5\mu s$)。阳极电流从稳态值的 10% 上升到 90% 所需的时间称为上升时间 t_r(普通晶闸管为 $0.5 \sim 3\mu s$)。开通时间 t_{on} 定义为延迟时间 t_d 与上升时间 t_r 两者之和。

(2)关断过程:使原来处于导通状态的晶闸管两端电压突然由正向变为反向时,其阳极电流衰减时也有一个过渡过程。阳极电流衰减到零,然后同电力二极管的动态过程类似。从正向电流降为零,到反向恢复电流衰减至接近于零的时间,就是晶闸管的反向阻断恢复时间 t_{rr}。反向恢复过程结束后,晶闸管要恢复其对正向电压的阻断能力还需要一段时间,这段时间称为正向阻断恢复时间 t_{gr}。在正向阻断恢复期间,若重新对晶闸管施加正向电压,晶闸管在无门极信号的情况下又会重新正向导通。晶闸管的关断时间 t_{off} 定义为 t_{rr} 与 t_{gr}($t_{off} = t_{rr} + t_{gr}$)之和。普通晶闸管的关断时间一般为几百微秒。

3. 晶闸管的主要参数

1)晶闸管的电压参数

(1)断态不重复峰值电压 U_{DSM}:在门极开路时,施加于晶闸管的正向阳极电压上升到正向伏安特性曲线急剧弯曲处所对应的电压值。

(2)断态重复峰值电压 U_{DRM}:在门极开路及额定结温下,允许每秒 50 次,每次持续时间不超过 10ms,重复加在晶闸管上的正向峰值电压。$U_{DRM} = 0.9U_{DSM}$。

(3)反向不重复峰值电压 U_{RSM}:门极开路、晶闸管承受反向电压时,对应于反向伏安特性曲线急剧弯曲处的反向峰值电压值。

(4)反向重复峰值电压 U_{RRM}:门极开路及额定结温下,允许每秒 50 次,每次持续时间不超过 10ms,重复加在晶闸管上的反向最大峰值电压。$U_{RRM} = 0.9U_{RSM}$。

（5）通态（峰值）电压 U_{TM}：晶闸管通过某一规定倍数的额定通态平均电流时的瞬态峰值电压。

（6）额定电压：通常取 U_{DRM} 和 U_{RRM} 中较小的标值作为该晶闸管的额定电压值。选用时一般取额定电压为正常工作时晶闸管所承受峰值电压的 $2 \sim 3$ 倍。

2）晶闸管的电流参数

（1）额定通态平均电流 $I_{T(AV)}$：在环境温度为 40℃ 和规定的冷却条件下,稳定结温不超过额定结温时所允许流过的最大工频正弦半波电流的平均值。

（2）维持电流 I_H：使晶闸管维持导通所必需的最小电流,一般为几十到几百毫安。

（3）擎住电流 I_L：晶闸管刚从断态转入通态并移除触发信号后,能维持导通所需的最小电流。

4. 晶闸管的驱动

为保证晶闸管可靠导通,触发电路应满足的要求有:脉冲必须具有足够的功率,且不超过晶闸管门极最大允许功率;脉冲要具有一定的宽度,前沿要陡;能满足主电路移相范围的要求;必须与晶闸管的主电压保持同步;应有良好的抗干扰性能、温度稳定性及与主电路的电气隔离。

晶闸管触发电路的基本环节包括同步环节、触发脉冲的形成与放大环节、触发移相环节、触发脉冲的输出环节等。常用的触发电路有单结晶体管触发电路、晶体管触发电路、集成电路触发器、计算机控制数字触发电路等。集成触发电路具有可靠性高、技术性能好、体积小、功耗低、调试方便等优点,已逐步取代分立式电路。

7.1.3　功率 MOSFET

功率场效应晶体管简称功率 MOSFET,也称为电力 MOSFET。它是一种单极型电压控制器件,用栅极电压来控制漏极电流,有输入阻抗高、驱动功率小、开关速度快、工作频率高、无二次击穿、安全工作区宽等优点,在小功率电力电子装置中是应用最为广泛的器件。

1. 功率 MOSFET 的结构和基本工作原理

按导电沟道极性可分为 N 沟道和 P 沟道,功率 MOSFET 主要是 N 沟道增强型。功率
MOSFET 在导通时只有一种极性的载流子（多子）参与导电,属单极型晶体管。功率 MOSFET 器件由多个小 MOSFET 元胞组成,不同生产厂家设计的元胞形状和排列方式不同。如图 7-4 所示为功率 MOSFET 的电气图形符号,三个端子分别为栅极 G、漏极 D、源极 S。

图 7-4　MOSFET 电气符号

当在栅—源间加上电压 U_{GS},并使 $U_{GS} > U_T$（阈值电压）时,由于栅极是绝缘的,虽不会产生栅极电流,但在栅—源正电压所形成的电场作用下,会形成源区与漏区之间的导电沟道,源极和漏极导电。U_{GS} 越大导电沟道越宽,在同一 U_{DS} 下电流 i_D 就越大。

由于电力 MOSFET 结构所致,源漏间形成一个寄生的反并联二极管,使漏极电压 U_{DS} 为负时呈现导通状态,因此功率 MOSFET 是一个逆导型器件,对于有逆导要求的场合,这

个二极管可直接用作与功率开关反并联的二极管。

2. 功率 MOSFET 的基本特性

1）静态特性

（1）转移特性：栅源电压 U_{GS} 与漏极直流电流 I_D 之间的关系称为转移特性，如图7-5所示。特性曲线的斜率表示功率场效应管的放大能力，用跨导 G_{fs} 表示。

（2）输出特性：以栅源电压 U_{GS} 为参变量，反映漏极电流 I_D 与漏极电压 U_{DS} 间关系的曲线簇，称为功率 MOSFET 的输出特性，如图7-6所示。输出特性可划分为非饱和区、饱和区、截止区三个区域。功率 MOSFET 工作在开关状态，即在截止区和非饱和区之间来回转换。

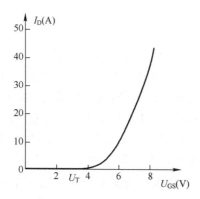

图7-5　功率 MOSFET 的转移特性

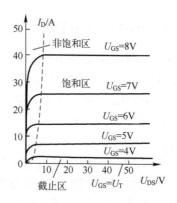

图7-6　功率 MOSFET 的输出特性

2）动态特性

功率 MOSFET 的开关时间很短，一般在 $10\sim100$ns 之间，是电力电子器件中最高的。图7-7给出了率 MOSFET 的开关过程波形。图中 u_p 为栅源之间矩形脉冲电压信号源。

在开通过程中，受输入电容的影响，栅极电压 U_{GS} 呈指数规律上升，当 U_{GS} 上升至开启电压 U_T 时，MOSFET 开始导通。当 U_{GS} 达到使 MOSFET 进入非饱和区的栅压 U_{GSP} 后，MOSFET 进入非饱和区。功率 MOSFET 的开通时间 t_{on} 为开通延迟时间 $t_{d(on)}$ 与上升时间 t_r 之和。

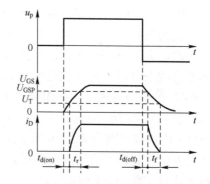

图7-7　功率 MOSFET 的开关过程波形

关断时，同样受输入电容的影响，U_{GS} 呈指数规律下降。功率 MOSFET 的关断时间 t_{off} 定义为关断延迟时间 $t_{d(off)}$ 和下降时间 t_f 之和。

3. 功率 MOSFET 的主要参数

除上述已涉及到的各参数，功率 MOSFET 还有以下主要参数：

（1）漏极电压：标称功率 MOSFET 电压定额的参数。

（2）漏极直流电流 I_D 和漏极脉冲电流幅值 I_{DM}：表征功率 MOSFET 电流定额的参数。

（3）栅极电压 U_{GS}：栅源之间的绝缘层很薄，$|U_{GS}|>20$V 将导致绝缘层击穿。

（4）极间电容：功率 MOSFET 的三个电极之间分别存在极间电容 C_{GS}、C_{GD} 和 C_{DS}，这些电容都是非线性的。

4. 功率 MOSFET 的驱动

功率 MOSFET 是场控器件,静态时几乎不需要输入电流,但在开关过程中需要对输入电容充放电,仍需一定的驱动功率。开关频率越高,所需驱动功率越大。用作高频开关时,驱动电路必须具有很低的内阻抗及一定的驱动电流能力。为快速建立驱动电压,要求驱动电路输出电阻小,使 MOSFET 开通的驱动电压一般为 10 ~ 15V。

功率 MOSFET 的驱动可以有多种形式,通常最简单和最方便的方法是通过 TTL 集成电路、CMOS 集成电路和专用集成电路芯片驱动。专用驱动集成电路的体积小、简单、可靠,应用广泛。

7.1.4　绝缘栅双极型晶体管

电力 MOSFET 具有驱动方便、开关速度快等优点,但导通后呈现电阻性质,在电流较大时的压降较高,而且器件的容量较小,仅能适用于小功率装置。大功率晶体管 GTR 的饱和压降低、容量大,但其为电流驱动,驱动功率较大,开关速度低。20 世纪 80 年代出现的绝缘栅双极型晶体管(Insulated Gate Bipolar Transistor, IGBT)是把 MOSFET 与 GTR 复合形成,除具有 MOSFET 的电压型驱动、驱动功率小的特点,同时具有 GTR 饱和压降低和可耐高电压和大电流等一系列应用上的优点,开关频率虽低于 MOSFET,但高于 GTR。IGBT 已基本取代了 GTR 和 GTO,成为当前在工业领域应用最广泛的电力电子器件。

1. IGBT 的结构和基本工作原理

IGBT 也是四层三端器件,即集电极 C、栅极 G 和发射极 E。IGBT 相当于一个由 MOSFET 驱动的厚基区 GTR,其等效电路与图形符号如图 7-8 所示。IGBT 是以 MOSFET 为驱动元件,GTR 为主导元件的达林顿结构器件。图示器件的 MOSFET 为 N 沟道型,称为 N 沟道 IGBT。

IGBT 的驱动原理与功率 MOSFET 基本相同,它是一种场控器件。当 U_{GE} 为正且大于开启电压 U_T 时,功率

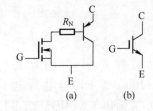

图 7-8　IGBT 等效电路和图形符号
(a) 等效电路;(b) 图形符号。

MOSFET 内形成导电沟道,其漏源电流作为内部 GTR 的基极电流,从而使 IGBT 导通。当栅极与发射极间不加信号或施加反向电压时,功率 MOSFET 内的导电沟道消失,GTR 的基极电流被切断,IGBT 随即关断。

2. IGBT 的基本特性

1) 静态特性

转移特性:IGBT 集电极电流 I_C 与栅射电压 U_{GE} 间的关系称为转移特性,如图 7-9 所示。当 U_{GE} 大于开启电压 $G_{GE(th)}$ 时,IGBT 导通,电导调制使电阻减小,使通态压降减小。

输出特性:也称伏安特性,以栅射电压 U_{GE} 为参变量时,集电极电流 I_C 与集射极间电压 U_{CE} 之间的关系。IGBT 的输出特性分为正向阻断区、有源区和饱和区三个区域,如图 7-10 所示,与 GTR 的截止区、放大区和饱和区相对应。当 $U_{GE} < 0$ 时,IGBT 为反向阻断状态。在电力电子电路中,IGBT 工作在开关状态,在正向阻断区和饱和区之间转换。

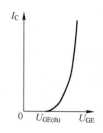

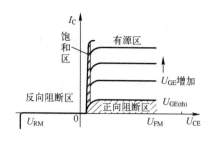

图 7-9　IGBT 的转移特性　　　　　　图 7-10　IGBT 的输出特性

2）动态特性

IGBT 的动态特性包括开通过程和关断过程,如图 7-11 所示。

IGBT 的开通过程与功率 MOSFET 的开通过程相类似,这是因为 IGBT 在开通过程中大部分时间是作为功率 MOSFET 运行的。开通过程包括集电极电流 I_C 开通延迟时间 $t_{d(on)}$、I_C 上升时间 t_r 以及集射极电压 U_{CE} 的下降过程陡降阶段 t_{fv1}、缓降阶段 t_{fv2}。t_{fv1} 为 MOSFET 单独工作时的电压下降过程,t_{fv2} 为功率 MOSFET 和 PNP 晶体管同时工作时的电压下降过程。总开通时间 $t_{on} = t_{d(on)} + t_r + t_{fv1} + t_{fv2}$。

IGBT 的关断过程与功率 MOSFET 的关断过程也类似。关断过程中,U_{GE} 下降至其幅值的 90% 到 I_C 下降为稳态值的 90%

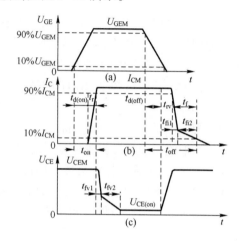

图 7-11　IGBT 开通与关断过程

的时间即关断延迟时间 $t_{d(off)}$,随后是集射电压 U_{CE} 上升时间 t_{rv},集电极电流 I_C 从稳态值的 90% 下降至 10% 的时间称为下降时间 t_f。三者之和为关断时间 t_{off}。同样,集电极电流 I_C 的下降过程也分为陡降阶段 t_{fi1} 和缓降阶段 t_{fi2},前者也是由于 MOSFET 快速关断所形成,后者则是由于少子复合缓慢造成,此阶段的电流又称为拖尾电流。

IGBT 内部由于双极型 PNP 晶体管的存在,带来了通流能力增大、器件耐压提高、器件通态压降降低等好处,但由于少子储存现象的出现,使 IGBT 的开关速度比功率 MOSFET 速度要低。

3. IGBT 的主要参数

除了上述提到的各项参数外,IGBT 的主要参数还包括:

（1）最大集射极间电压 U_{CES}:由 IGBT 内部 PNP 晶体管所能承受的击穿电压确定的。

（2）最大集电极电流:包括额定直流电流 I_C 和 1ms 脉宽最大电流 I_{CP}。

（3）最大集电极功耗 P_{CM}:在正常工作温度下允许的最大耗散功率。

4. IGBT 的驱动

IGBT 的栅极驱动条件关系到其静态特性和动态特性。一切都以缩短开关时间、减小开关损耗、保证电路的可靠工作为目标。IGBT 对栅极驱动电路的基本要求有:

（1）驱动电路必须很可靠,要保证有一条低阻抗值的放电回路,即驱动电路与 IGBT 的连接要尽量短。IGBT 与 MOSFET 都是电压驱动开关器件,都具有一个 2.5～5V 的开栅门槛电压,有一个电容性输入阻抗,因此,IGBT 对栅极电荷聚集非常敏感。

（2）用内阻小的驱动源对栅极电容充、放电,以保证栅极控制电压 U_{GE} 有足够陡的前、后沿,使 IGBT 的开关损耗尽量小。另外,IGBT 开通后,栅极驱动源应能提供足够的功率,使 IGBT 不会中途退出饱和而损坏。

（3）栅极驱动电压必须综合考虑。在开通过程中,正向驱动电压 U_{GE} 越大,IGBT 通态压降和开通损耗均下降,但负载短路时的电流 I_C 增大,IGBT 能承受短路电流的时间减小,对其安全不利。因此,有短路过程的应用系统中,栅极驱动电压应选的小些,一般情况下应取 12～15V。在关断过程中,为了尽快放掉输入电容的电荷,加快关断过程,减小关断损耗,要对栅极施加反向电压 $-U_{GE}$。但它受 IGBT 栅射极最大反向耐压的限制,所以一般的原则是对小容量的 IGBT 不加反向电压(也能工作),对中容量的 IGBT 加 5～6V 的反向电压,对大容量的 IGBT 要加大到 10V 左右。

（4）在大电感的负载下,IGBT 的开关时间不能太短,以限制 $\mathrm{d}i/\mathrm{d}t$ 所形成的尖峰电压,确保 IGBT 的安全。

（5）栅极电阻 R_G 可选用成品说明书上给定的数值;但当 IGBT 的容量加大时,分布电感产生的浪涌电压与二极管恢复时的振荡电压增大,这将使栅极产生误动作,因此必须选用较大的电阻,尽管这样做会增大损耗。

（6）由于 IGBT 多用于高压场合,所以驱动电路与控制电路一定要严格隔离。

（7）栅极驱动电路应尽可能简单可靠,具有对 IGBT 的自保护功能,并有较强的抗干扰能力。

原则上 IGBT 的驱动特性与 MOSFET 的几乎相同,但由于两者使用的范围不同,驱动电路还是有差异的。IGBT 一般使用专用的混合集成驱动器,它们集驱动和保护为一体。常用的专用驱动集成电路有三菱公司的 M579 系列(如 M57962L 和 M57959L)和富士公司的 EXB 系列(如 EXB840、EXB841、EXB850 和 EXB851)。

7.2　逆变及变频技术

变流技术是用电力电子器件构成电力变换电路和对其进行控制的技术,以及构成电力电子装置和电力电子系统的技术,也称之为电力变换技术。电力变换可划分为四类基本变换,相应的有四种电力变换电路或电力变换器:AC/DC 整流电路或整流器、DC/AC 逆变电路或逆变器、DC/DC 电压变换电路、AC/AC 电压和/或频率变换电路(交交变频电路)。

逆变电路经常和变频电路的概念联系在一起,两者既有联系又有区别。逆变电路可分为有源逆变电路和无源逆变电路,一般多指无源逆变电路。变频电路可分为交交直接变频电路和交直交间接变频电路,后者由交直变换和直交变换两部分组成,即由整流电路和逆变电路组成,逆变电路为交直交间接变频电路的核心环节。可见,无源逆变电路实际上是逆变和变频两个概念的交汇点。

7.2.1 逆变电路

逆变电路的应用非常广泛。在众所周知的各种电源中,化学能电池、太阳能电池等都是直流电源,当需要这些电源向交流负载供电时,就必须经过逆变电路,将其转换为所需频率的交流电。随着电力半导体器件的发展,逆变电路的应用范围不断拓宽,它几乎渗透到国民经济的各个领域。尤其是高电压、大电流、高频率自关断器件的迅速发展,为简化逆变主电路、提高逆变器的性能以及 PWM 技术的广泛应用奠定了基础。同时也推动了高频逆变技术的发展,使电力电子技术的应用进入了一个新的发展阶段。全控器件具有功率密度高、性能好、体积小、质量轻等优点,因而,利用全控器件组成逆变电路是发展的必然。

1. 逆变电路的基本工作原理

如图 7-12 所示为单相桥式逆变电路的原理。图中,$S_1 \sim S_4$ 是桥式电路的 4 个臂,它们由电力电子器件及辅助电路组成。当开关 S_1、S_4 闭合,S_2、S_3 断开时,负载电压 u_o 为正;当开关 S_1、S_4 断开,S_2、S_3 闭合时,u_o 为负,如此交替进行下去,u_o 的波形如图 7-12(b)所示,就在负载上得到了由直流电变换的交流电。改变两组开关的切换频率,即可改变输出交流电的频率。这样就实现了直流电到交流电的逆变。

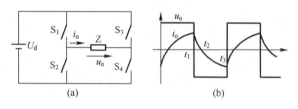

图 7-12　逆变电路原理及其波形

当负载为纯电阻性负载时,负载电流 i_o 和电压 u_o 的波形和相位完全相同。当负载为阻感性负载时,由于电感的作用,i_o 相位滞后于 u_o,两者的波形也不同,其相位关系和 i_o 的波形如图 7-12(b)所示。设 t_1 时刻之前 S_1、S_4 导通,u_o 和 i_o 均为正。在 t_1 时刻断开 S_1、S_4,同时合上 S_2、S_3,则 u_o 的极性立刻变为负。但是,因为负载中电感的作用,其电流的变化滞后于电压的变化,其电流方向不能立刻改变而仍维持原方向流通。这时负载电流从直流电源负极流出,经 S_2、负载和 S_3 流入直流电源正极。实质是将负载电感中储存的能量向直流电源反馈,负载电流因得不到能量补充而逐渐减小,到 t_2 时刻电感中的能量全部释放完毕、电流下降为零,之后在电源电压的作用下 i_o 反向并逐渐增大。到 t_3 时刻,S_2、S_3 断开,S_1、S_4 闭合,以后的情况与前述类似。结果,在负载上就得到了正、负交替变化的电压和电流,实现了直流电到交流电的逆变。

上述是按 $S_1 \sim S_4$ 为理想开关分析的,实际电路的工作过程要复杂一些。电流从一个导电支路转移到另一个导电支路的过程称为换流(也称为换相)。换流方式主要有器件换流、电网换流、负载换流和强迫换流四种。器件换流只适用于全控型器件,其余三种方式主要是针对晶闸管的关断而言的。

逆变电路按其直流侧电源性质不同分为直流侧是电压源、直流侧是电流源两种。直流侧是电压源的称为电压型逆变电路或电压源型逆变电路;直流侧是电流源的称为电流型逆变电路或电流源型逆变电路。上述逆变原理电路就是电压型逆变电路。在实际应用中也是电压型居多,本节主要介绍电压型逆变电路。电压型逆变电路有以下特点。

（1）直流侧为电压源,或并联有大电容,相当于电压源。直流侧电压基本无脉动,直流回路呈现低阻抗。

（2）由于直流电压源的钳位作用,交流侧输出电压波形为矩形波,并且与负载阻抗角无关。交流侧输出电流波形和相位因负载阻抗情况的不同而不同。

（3）当交流侧为阻感负载时需要提供无功功率,直流侧电容起缓冲无功能量的作用。为了给交流侧向直流侧反馈的无功能量提供通道,逆变桥各臂都反并联反馈二极管。

2. 单相逆变电路

1）单相半桥逆变电路

单相半桥电压型逆变电路如图7-13（a）所示,它由一对桥臂和一个带有中点的直流电源构成,负载接在两个桥臂的连接点与直流电源的中点之间。每个桥臂由一个可控器件和一个反并联二极管组成。带有中性点的电源往往是由在直流电源两端并接两个相互串联的足够大的电容构成,两个电容的连接点便成为直流电源的中点,于是两个电容器上的电压都是 $U_d/2$。

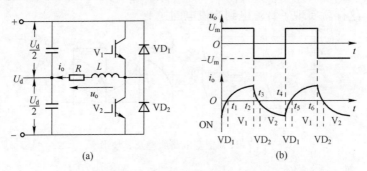

图7-13 单相半桥电压型逆变电路及其工作波形

为使开关器件 V_1 和 V_2 交替导通,在它们的栅极分别加有正负半周交替变化、互补的驱动信号。由于 V_1 和 V_2 交替导通,在负载上就得到幅值为 $U_m = U_d/2$、交替变化的矩形波输出电压 u_o,输出电流 i_o 波形随负载情况而异。当负载为感性时,其工作波形如图7-13（b）所示。下面对其工作过程作一简单介绍。设 t_2 时刻以前 V_1 为通态,V_2 为断态。i_o 经 V_1 流入负载,负载上得到左负右正的输出电压 $u_o = U_d/2$;t_2 时刻给 V_1 关断信号,给 V_2 开通信号,则 V_1 关断,但由于感性负载中的电流 i_o 不能立即反向,所以 V_2 不能立即导通,于是 VD_2 导通续流,负载上得到左正右负的输出电压 $u_o = -U_d/2$,负载向下半部电源回馈能量。直到 t_3 时刻 i_o 减小到零,VD_2 截止,V_2 导通,i_o 开始反向。到 t_4 时刻给 V_2 关断信号、给 V_1 开通信号时,V_2 关断,同样由于电感的作用,电流不能立即反向,V_1 不能立即导通,由 VD_1 导通续流,电流反方向减小,直到 t_5 时刻 i_o 减小到零之后,V_1 才开通,负载又由上半部电源提供能量。综上所述,VD_1、VD_2 起着将负载电感中储存的能量回馈电源,并使负载电流连续的作用,因此常将其称为续流二极管。

在 $t_1 \sim t_2$ 和 $t_3 \sim t_4$ 期间,V_1 或 V_2 为通态,负载电流与电压同方向,所以直流电源向负载提供能量;而在 $t_2 \sim t_3$ 和 $t_4 \sim t_5$ 期间,VD_1 或 VD_2 为通态,负载电流与电压反向,负载电感中储存的能量向直流电源反馈,即负载电感将其吸收的无功能量反馈回直流侧。回馈的能量由直流侧电容器储存,直流侧电容器在这里起着缓冲这种无功能量和稳定电压的作用。

半桥逆变电路的优点是简单,使用器件少。其缺点是输出交流电压的幅值 U_m 仅为 $U_d/2$,且直流侧需要两个电容器串联,工作时还要控制两个电容器电压的均衡。因此,单相半桥逆变电路常用于几 kW 以下的小功率场合。

2)单相全桥逆变电路

单相逆变电路中应用最多的是全桥逆变电路。如图 7-14 所示为电压型单相全桥逆变电路的原理,它共有四个桥臂,可以看成由两个半桥电路组合而成。工作时把 V_1 和 V_4 作为一对桥臂,V_2 和 V_3 作为另一对桥臂,给 V_1 和 V_4 加相同的驱动信号,给 V_2 和 V_3 加相同的驱动信号,两个驱动信号互差 180°,在直流电压和负载都

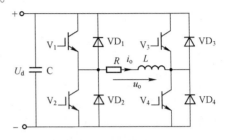

图 7-14　单相全桥电压型逆变电路原理图

相同的情况下,其输出电压 u_o 和输出电流 i_o 的波形和半桥电路相同,但其幅值高出一倍。图 7-13 所示的 VD_1、V_1、VD_2、V_2 相继导通的区间,分别对应于图 7-14 所示的 VD_1 和 VD_4、V_1 和 V_4、VD_2 和 VD_3、V_2 和 V_3 相继导通的区间。关于无功能量的交换,对于半桥电路的分析也完全适用于全桥逆变电路。

逆变电路交流输出电压的频率的改变,可通过改变两对桥臂交替导通的时间长短进行控制。而输出电压的大小的改变,除了通过改变直流电压 U_d 的大小进行改变之外,还可以采用改变负载两端得到的正负脉冲电压宽度的方法实现。改变脉冲宽度的方法很多,常见的有单脉冲调制和移相调压两种方式。单脉冲调制的原理即为 PWM 控制,具体见下 7.3.1 节。

3. 三相逆变电路

三相逆变器有两种电路结构。一种为由三个单相逆变器组成的一个三相逆变器,另一种结构是三相桥式逆变电路,这两种电路在实际中均有应用。三相桥式逆变电路可以看成是三个单相半桥式逆变电路的组合。在控制上,三个半桥逆变电路的驱动信号之间互差 120°,三相负载分别接在三个半桥电路的输出端。

三相电压型桥式逆变电路的基本工作方式是 180° 导电方式,在每个周期每个桥臂的导电角度为 180°,同一相即同一半桥的上、下两个桥臂交替导电,换相是在同一桥臂的上、下两个开关之间进行的,也称纵向换相或纵向换流。每隔 60° 有一个元件发生换相,在任意瞬间总有三个桥臂参与导电,其中包括每一相的一个上桥臂或下桥臂。由于换相是在同一桥臂的上、下两个桥臂中进行,为避免同一桥臂上、下两个元件同时导电发生直通现象造成直流侧电源的短路,实际电路工作要按照先关断、后开通("先断后通")的原则进行。即先关断一个开关,隔一小段延时后再开通另一个开关。这段延时称互锁延迟时间或死区时间。死区时间的长短要视器件的开关速度而定,器件的开关速度越快,所留的死区时间就可以越短。

为了获得较好的输出电压波形,三相逆变电路通常采用 PWM 控制,原理见7.3.1 节。

7.2.2　变频电路

变频电路就是将频率、电压都固定的交流电变换成频率、电压都连续可调的交流电。按照变换环节有无直流环节,变频电路可以分为交直交变频电路和交交变频电路。现在使用的变频电路绝大多数为交直交变频电路。本节仅对交交变频电路作简要介绍,交直交变频电路原理详见 7.3.2 节。

交交变频电路是指不通过中间直流环节,而把电网固定频率的交流电直接变换成不同频率的交流电的变频电路。交交变频电路也称为周波变流电路或相控变频电路。其特点如下:

(1) 因为是直接变换,没有中间环节,所以比一般的变频电路效率要高。

(2) 由于其交流输出电压是直接由交流输入电压波的某些部分包络所构成,因而其输出频率比输入交流电源的频率低得多,输出波形较好。

(3) 由于变频器按电网电压过零自然换相,故可采用普通晶闸管。

(4) 因受电网频率限制,通常输出电压的频率较低,为电网频率的 1/3 左右。

(5) 功率因数较低,特别是在低速运行时更低,需要适当补偿。

(6) 主回路比较复杂,所需要器件多。

如图 7-15 所示为单相交交变频电路原理图,电路由 P 组和 N 组反并联的晶闸管变流电路组成。变流器 P 组和 N 组都是整流电路,P组工作时,负载电流为正,N 组工作时负载电流为负。让两组变流器按一定的频率交替工作,负载就得到该频率的交流电。改变两组变流器

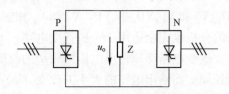

图 7-15　单相交交变频电路原理图

的切换频率,就可改变输出交流电频率;改变整流电路的触发控制角,就可以改变交流输出电压的大小。但输出交变电压的频率低于交流电网的频率,且其中还含有大量的谐波分量。

为了使输出电压 u_o 的波形接近正弦波,可以按正弦规律对控制角 α 角进行调制,可在半个周期内让正组变流器 P 的 α 按正弦规律从 90° 逐渐减小到零或某个值,然后再逐渐增大到 90°。这样每个控制区间内的平均输出电压就按正弦规律从零逐渐增至最高,再逐渐减小至零。另外半个周期可对反组变流器 N 进行同样的控制。得到的输出电压 u_o 并不是平滑的正弦波,而是由若干段电源电压拼接而成,输出电压的一个周期内所包含的电源电压段数越多,其波形就越接近正弦波。当采用 6 脉波三相桥式电路时,最高输出频率不高于电网频率的 $1/3 \sim 1/2$。当输出频率升高时,输出电压一个周期内电网电压的段数就减少,谐波成分增加,波形畸变。电压波形畸变以及电流波形畸变是频率提高的主要制约因素。

7.3　静止变频电源的工作原理

20 世纪 60 年代以前,电压/频率变换一般只能靠电动机、发电机组即变流机组来实现。例如,武器装备中常用的变频发电机组,就是由交流异步电动机带动交流同步发电机

发出 400Hz 交流电。这种变流机组缺点很多,如电动机—发电机组耗费的钢、铜材料多,质量、体积大,环节多,维护工作量大,效率低,噪声大,控制精度和响应速度都不甚理想。

为了改进电力变换技术,20 世纪 30 年代就提出了利用电路开关的通、断控制实现电力变换的控制思想,但是由于没有快速通、断电路的大功率开关器件,这种开关型电力变换技术直到有了半导体电力开关器件才得到实际应用。随着全控型器件及计算机控制技术的发展,逆变电路及其控制技术也有了很大的进步,通过逆变电路,可以获得各种频率的交流电。静止变频电源(以下简称静变电源)就是相对旋转电机而言,采用静止的电力电子器件,通过逆变电路实现的变频电源。

目前,静变电源基本上采用的是交直交变换电路,其核心组成部分是 DC/AC 逆变器,采用 PWM 控制。

7.3.1 PWM 控制技术

1. PWM 控制的基本原理

PWM 控制就是对脉冲的宽度进行调制的技术,即通过对一系列脉冲的宽度进行调制等效地获得所需要波形(含形状和幅值)。

PWM 控制技术在逆变电路中的应用最为广泛,对逆变电路的影响也最为深刻。现在大量应用的逆变电路中,绝大部分都是 PWM 型逆变电路。可以说 PWM 控制技术正是有赖于在逆变电路中的应用,才发展得比较成熟,才确定了它在电力电子技术中的重要地位。

在采样控制理论中有一个重要的结论:冲量(指窄脉冲的面积)相等而形状不同的窄脉冲加在具有惯性的环节上时,其效果基本相同,指环节的输出响应波形基本相同。如果把各输出波形用博里叶变换分析,则其低频段非常接近,仅在高频段略有差异。如果分别将形状不同而面积相等的电压窄脉冲加在可以看成惯性环节的 R−L 电路上,设其输出电流为 $i(t)$,则可以得到不同窄脉冲时 $i(t)$ 的响应波形。实际证明,在 $i(t)$ 的上升段,脉冲形状不同时 $i(t)$ 的形状也略有不同,但其下降段则几乎完全相同。脉冲越窄,各 $i(t)$ 波形的差异也越小。如果周期性地施加上述脉冲,则响应 $i(t)$ 也是周期性的。用傅里叶级数分解后将可看出,各 $i(t)$ 在低频段的特性将非常接近,仅在高频段有所不同。上述原理可以称之为面积等效原理,它是 PWM 控制技术的重要理论基础。

把如图 7−16(a)所示的正弦半波分成 N 等份,就可以把正弦半波看成是由 N 个彼此相连的脉冲序列所组成的波形。这些脉冲宽度相等,都等于 π/N,但幅值不等,且脉冲顶部不是水平直线,而是曲线,各脉冲的幅值按正弦规律变化。如果把上述脉冲序列利用相同数量的等幅而不等宽的矩形脉冲代替,使矩形脉冲的中点和相应正弦波部分的中点重合,且使矩形脉冲和相应的正弦波部分面积(冲量)相等,就得到如图 7−16(b)所示的脉冲序列,即 PWM 波形。可以看出,各脉冲的幅值相等,

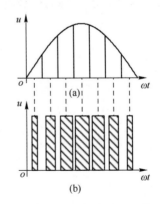

图 7−16 用 PWM 波代替正弦波

而宽度是按正弦规律变化的。根据面积等效原理,PWM 波形和正弦半波是等效的。对于正弦波的负半周,也可以用同样的方法得到 PWM 波形。像这种脉冲的宽度按正弦规律变化而和正弦波等效的 PWM 波形,也称 SPWM(Sinusoidal PWM)波形。

要改变等效输出正弦波的幅值,按照同一比例系数改变上述各脉冲的宽度即可。

PWM 波形可分为等幅 PWM 波和不等幅 PWM 波两种。由直流电源产生的 PWM 波通常是等幅 PWM 波。如直流斩波电路及 PWM 逆变电路,其 PWM 波都是由直流电源产生,由于直流电源电压幅值基本恒定,因此 PWM 波是等幅的。不管是等幅 PWM 波还是不等幅 PWM 波,都是基于面积等效原理来进行控制的,因此其本质是相同的。

2. PWM 逆变电路及其控制方法

PWM 控制技术在逆变电路中的应用十分广泛,目前中小功率的逆变电路几乎都采用了 PWM 技术。逆变电路是 PWM 控制技术最为重要的应用场合。PWM 逆变电路可分为电压型和电流型两种,目前实际应用的 PWM 逆变电路几乎都是电压型电路。

电压型 PWM 逆变电路的控制方法有计算法和调制法。计算法较复杂。调制法是把希望输出的波形作为调制信号,把接受调制的信号作为载波,通过信号波的调制得到所期望的 PWM 波形。通常采用等腰三角波或锯齿波作为载波,其中等腰三角波应用最多。因为等腰三角波上任一点的水平宽度和高度成线性关系且左右对称,当它与任何一个平缓变化的调制信号波相交时,如果在交点时刻对电路中开关器件的通断进行控制,就可以得到宽度正比于信号波幅值的脉冲,这正好符合 PWM 控制的要求。在调制信号波为正弦波时,所得到的就是 SPWM 波形,这种情况应用最广。下面结合具体电路对这种方法作进一步说明。

图 7-17 所示为采用 IGBT 作为开关器件的单相桥式电压型逆变电路。设负载为阻感负载,工作时 V_1 和 V_2 的通断状态互补,V_3 和 V_4 的通断状态也互补。具体的控制规律如下:在输出电压 u_o 的正半周,让 V_1 保持通态,V_2 保持断态,V_3 和 V_4 交替通断。由于负载电流比电压滞后,因此在电压正半周,电流有一段区间为正,一段区间为负。在负载电流 i_o 为正的区间,V_1 和 V_4 导通时,负载电压 u_o 等于直流电压 U_d;V_4 关断时,负载电流通过 V_1 和 VD_3 续流,$u_o=0$。在负载电流为负的区间,仍为 V_1 和 V_4 导通时,因 i_o 为负,故 i_o 实际上从 VD_1 和 VD_4 流过,仍有 $u_o=U_d$;V_4 关断,V_3 开通后,i_o 从 V_3 和 VD_1 续流,$u_o=0$。这样,u_o 总可以得到 U_d 和零两种电平。同样,在 u_o 的负半周,让 V_2 保持通态,V_1 保持断态,V_3 和 V_4 交替通断,负载电压 u_o 可以得到 $-U_d$ 和零两种电平。

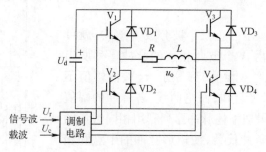

图 7-17 单相桥式 PWM 逆变电路

控制 V_3 和 V_4 通断的方式有单极性和双极性两种。若调制信号 u_r 为正弦波,载波信

号 u_c 为三角波,且在 u_r 的半个周期内三角波载波信号 u_c 只在正极性或负极性一种极性范围内变化,得到的 PWM 波形也只在单个极性范围内变化,则称为单极性 PWM 控制方式。如果在 u_r 的半个周期内三角波载波信号 u_c 是双极性,有正有负,得到的 PWM 波形也是有正有负,在 u_r 的一个周期内 PWM 波只有 $\pm U_d$ 两种电平,则称为双极性 PWM 控制方式。

图 7-17 所示的单相桥式逆变电路在采用双极性控制方式时的波形如图 7-18 所示。在调制信号 u_r 和载波信号 u_c 的交点时刻控制各开关器件的通断。在 u_r 的正负半周,对各开关器件的控制规律相同。即当 $u_r > u_c$ 时,给 V_1 和 V_4 以导通信号,给 V_2 和 V_3 以关断信号,这时如 $i_o > 0$,则 V_1 和 V_4 通,如 $i_o < 0$,则 VD_1 和 VD_4 通,不管哪种情况都是输出电压 $u_o = U_d$。当 $u_r < u_c$ 时,给 V_2 和 V_3 以导通信号,给 V_1 和 V_4 以关断信号,这时如 $i_o < 0$,则 V_2 和 V_3 通,如 $i_o > 0$,则 VD_2 和 VD_3 通,不管哪种情况都是 $u_o = -U_d$。图中的虚线 u_{of} 表示 u_o 中的基波分量。

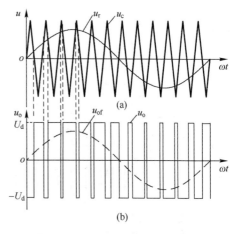

图 7-18 双极性 PWM 控制方式波形

3. 三相 PWM 逆变电路

如图 7-19 所示为三相桥式 PWM 型逆变电路,这种电路都是采用双极性控制方式。U、V 和 W 三相的 PWM 控制通常共用一个三角载波 u_c,三相的调制信号 u_{rU}、u_{rV} 和 u_{rW} 依次相差 120°。U、V 和 W 各相功率开关器件的控制规律相同,现以 U 相为例来说明。当 $u_{rU} > u_c$ 时,给上桥臂 V_1 以导通信号,给下桥臂 V_4 以关断信号,则 U 相相对于直流电源假想中点 N' 的输出电压 $u_{UN'} = U_d/2$。当 $u_{rU} < u_c$ 时,给 V_4 以导通信号,给 V_1 以关断信号,则 $u_{UN'} = -U_d/2$。V_1 和 V_4 的驱动信号始终是互补的。当给 $V_1 (V_4)$ 加导通信号时,可能是 $V_1 (V_4)$ 导通,也可能是二极管 $VD_1 (VD_4)$ 续流导通,这要由阻感负载中电流的方向来决定,这和单相桥式 PWM 型逆变电路在双极性控制时的情况相同。V 相及 W 相的控制方式都和 U 相相同。电路的波形如图 7-20 所示。

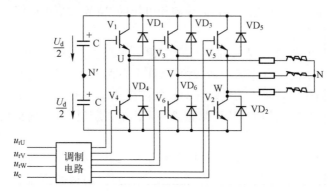

图 7-19 三相桥式 PWM 型逆变电路

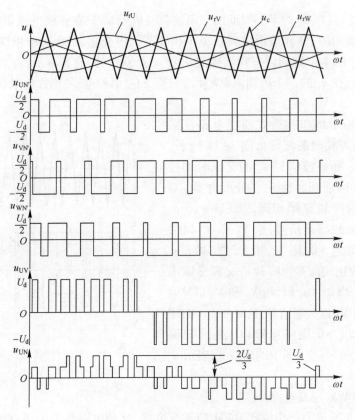

图7-20　三相桥式 PWM 逆变电路波形

由图7-20可以看出，$u_{UN'}$、$u_{VN'}$ 和 $u_{WN'}$ 的 PWM 波形都只有 $\pm U_d/2$ 两种电平。图中线电压 u_{UV} 的波形可由 $u_{UN'}-u_{VN'}$ 得出。可以看出，当臂 1 和臂 6 导通时，$u_{UV}=U_d$，当臂 3 和 4 导通时，$u_{UV}=-U_d$，当臂 1 和臂 3 或臂 4 和臂 6 导通时，$u_{UV}=0$。因此，逆变器的输出线电压 PWM 波由 $\pm U_d$ 和 0 三种电平构成。图7-20 中的负载相电压 u_{UN} 可由下式求得：

$$u_{UN}=u_{UN'}-\frac{u_{UN'}+u_{VN'}+u_{WN'}}{3}$$

从图7-20中的波形图和上式可知，负载相电压的 PWM 波形由 $(\pm 2/3)U_d$、$(\pm 1/3)U_d$ 和 0 共五种电平组成。

在电压型逆变电路的 PWM 控制中，同一相上下两个臂的驱动信号都是互补的。但实际上为了防止上下两个臂直通而造成短路，在上下两臂通断切换时要留一小段上下臂都施加关断信号的死区时间。死区时间的长短主要由功率开关器件的关断时间来决定。这个死区时间将会给输出的 PWM 波形带来一定影响，使其稍稍偏离正弦波。

4. 梯形波调制

用正弦波信号对三角波进行调制时，只要载波比足够高，所得到的 PWM 波中不含低次谐波，只含和载波频率有关的高次谐波，这是其优点。但提高直流电压利用率、减少开关次数也是很重要的。直流电压利用率是指逆变电路所能输出的交流电压基波最大幅值 U_{1m} 和直流电压 U_d 之比。提高直流电压利用率可以提高逆变电路的输出能力，减少功率器件的开关次数可以降低损耗。

对于正弦波调制三相 PWM 逆变电路来说,在调制度为最大值 1 时,输出相电压的基波幅值为 $U_d/2$,输出线电压的基波幅值为 $(\sqrt{3}/2)U_d$,即直流电压利用率仅为 0.866。这个直流电压利用率是比较低的,其原因是正弦调制信号的幅值不能超过三角波幅值。实际电路工作时,考虑到功率器件的开通和关断都需要时间,如不采取其他措施,调制度不可能达到 1。因此,采用这种正弦波和三角波比较的调制方法时,实际得到的直流电压利用率比 0.866 还要低。

不用正弦波,而用梯形波作为调制信号,可以有效地提高直流电压利用率。因为当梯形波的幅值和三角波的幅值相等时,梯形波所含的基波分量幅值已超过了三角波幅值。采用这种调制方式时,决定功率器件通断的方法和用正弦波作为调制信号波时完全相同。但采用梯形波调制时,输出波形中含 5 次、7 次等低次谐波,这是梯形波调制的缺点。

7.3.2　静止变频电源

静止变频电源就是前述变频电路的具体应用。前已述及,变频电路可分为交交直接变频电路和交直交间接变频电路,静止变频电源通常都是采用交直交间接变频电路,即将输入端的交流市电经过整流部分电路变换成直流电,再将直流电经过逆变部分电路转换成用户所需交流电的一种电能转换方式。

采用间接变频方式的静止变频电源,包含整流以及逆变两部分电路,需经过两次变流才能完成电能转换,其工作原理较为复杂。然而,电源电路中开关器件较少,输出端交流电压不会受到输入端的影响,电源的工作可靠性高,而且通过闭环控制系统设计能够达到较好的控制效果,因此输出电压波形正弦度较高,电压波形畸变较低;同时,电源的变换频率范围大,能够很好地满足用户对电能的要求。

静止变频电源是地空导弹武器系统的主要配套设备。当有市电时,可以不启动柴油发电机组,而由静止变频电源工作,为武器系统提供训练、检测和试验电源。这样可以减少电源车的运行费用、机组的维护费用,提高柴油发电机组的使用寿命。

静止变频电源通常主要由功率电路系统和控制电路系统组成。功率电路系统由输入整流滤波、逆变电路(含缓冲电路)、输出变压器、输出滤波等电路组成,控制电路系统由控制核心电路、驱动电路、输出检测电路、显示及人工操作电路和辅助电源等电路组成。静变电源的基本组成系统结构框图如图 7-21 所示。

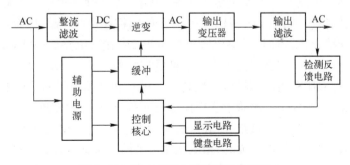

图 7-21　静止变频电源系统结构框图

1. 功率电路

1）输入整流滤波电路

整流滤波电路将输入的三相交流工频电压变换为高压直流,并进行平滑滤波和蓄能,为逆变电路工作提供条件。

整流电路是出现最早的一种电力电子电路,它的作用是将交流电能变为直流电能供给用电设备。按组成的器件来分,整流电路可分为全控整流电路、半控整流电路和不可控整流电路三种。全控整流和半控整流电路均存在可控元件,通过控制开关元件的导通时刻调整整流电路的输出平均值,实现对整流电路的控制。可控整流电路在开机加电时,可以控制直流电压逐渐上升至最大值,实现电路的软启动。而当电路发生故障时,通过控制开关元件的断开,实现整流电路的物理切断,达到保护电路的目的。然而,可控整流电路的控制过程相对比较复杂,使用维护成本较高。近年来,在大功率间接变频电源、不间断电源等应用领域中,大多采用经电容滤波的不可控整流电路。仅在一些特定的场合,为了调整直流电压,采用可控整流电路。不可控整流电路由不可控二极管组成,与可控整流电路相比,不可控整流电路原理相对比较简单,经济性好,缺点是直流电压不可调。下面以常用的二极管整流为例介绍。

某静变电源输入整流滤波电路如图 7-22 所示,这也是静变电源常用的电路。

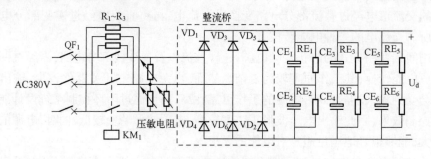

图 7-22　输入整流滤波电路

静止变频电源的输入由空气开关 QF_1 控制。QF_1 总开关选用大容量断路器,该断路器断开后,断路器输出端之后的系统内部则全部断电;断路器闭合后,系统得电进入待机状态。

在整流部分电路中,为了避免由于雷击等原因造成市电瞬时电压突变的情况对电路的损害,在三相输入端接入压敏电阻,达到对电路保护的目的。

三相桥式整流电路共有六个整流二极管,其中 VD_1、VD_3、VD_5 三个管子的阴极连接在一起,称为共阴极组,VD_2、VD_4、VD_6 三个管子的阳极连接在一起,称为共阳极组。

三相对称交流电源的波形及整流输出如图 7-23,接入电路后,共阴极组阳极电位最高的二极管优先导通;共阳极组阴极电位最低的二极管优先导通。同一个时间内只有两个二极管导通,即共阴极组的阳极电位最高的二极管和共阳极组的阴极电位最低的二极管构成导通回路,其余四个二极管承受反向电压而截止,在三相交流电压自然换相点换相导通。从相电压波形看,共阴极组导通时,整流输出电压 u_{d1} 为相电压在正半周的包络线,共阳极组导通时,整流输出电压 u_{d2} 为相电压在负半周的包络线,总的输出电压 $u_d = u_{d1} - u_{d2}$,是两条包络线间的差值,将其对应到线电压的波形上,即为线电压在正半周的包

152

络线。

如图 7-23 所示，虽然利用整流电路可以从电网的交流电源得到直流电压或直流电流，但输出电压为脉动的直流电压，输出电压或电流含有频率为电源频率 6 倍的纹波，如果将其直接供给逆变电路，则逆变后的交流电压、电流纹波很大。因此，必须对整流电路的输出进行滤波，抑制输出电压中的交流分量，以减少电压或电流的波动，这种电路称为滤波电路。通常用大容量电容对整流电路输出电压进行滤波。由于电容量比较大，一般采用电解电容。为了得到所需的耐压值和容量，往往需要根据变频器容量的要求，将电容进行串并联使用，如图 7-22 中的 $CE_1 \sim CE_6$。采用大电容滤波后再送给逆变器，这样可使加于负载上的电压值不受负载变动的影响，基本保持恒定。

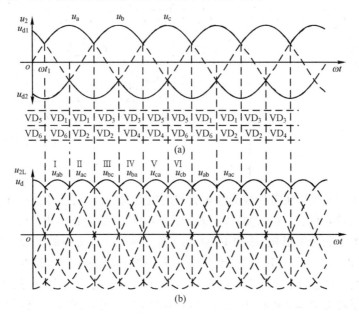

图 7-23　三相桥式整流电路的输出波形

电阻 $RE_1 \sim RE_6$ 分别并联在电容 $CE_1 \sim CE_6$ 两端，工作中起两个作用：一是与电容构成放电回路起放电作用，由于电源合闸工作时对滤波电容进行充电，当停机后如果没有放电回路，电容中储存的电荷将无法得到释放，会对电容本身以及维修人员带来一定的损害；二是起均压作用，确保每一支路上串联的两个电容保持电压一致。

在整流部分电路上电瞬间，电容中将流过较大的充电电流，该电流将对整流二极管、滤波电解电容器造成较大的冲击，甚至致使其损坏，故必须采取相应措施以减小启动电流（通常采用软启动技术）。如图 7-22 中给出了典型的软启动电路。在上电瞬间，连接在输入端母线上的接触器 KM_1 不工作，主触头断开，电容通过输入大功率小阻值的限流电阻 $R_1 \sim R_3$ 充电，从而避免了冲击电流。当充电完成、直流侧电压达到稳定后，为了避免其在电源正常运行过程中产生功率损耗以及因长时间工作电阻损坏，再控制接触器 KM_1 工作，其主触头闭合，切除限流电阻。

2）三相逆变器主电路

逆变器是变频电源的核心组成部分，将高压直流变换为高频的交流脉冲电压，并进行交流降压。根据整流滤波电路可知,逆变器直流部分近似为电压源,电压型逆变器通常采用常规的三相桥式逆变电路,开关元件选用 IGBT,实现 DC/AC 变换。

图 7-24 所示为某型静变电源的逆变及输出电路,逆变器采用 IGBT 模块 $V_1 \sim V_3$。为了便于用户使用,各生产厂家都推出了模块电路,如图中的 IGBT 模块,本身包含两个 IGBT 功率管,续流二极管也集成在内部,既方便用户,又可以提高系统的可靠性。

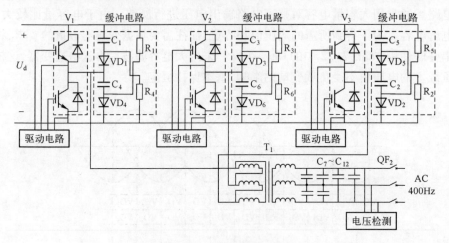

图 7-24　静变电源逆变及输出电路

IGBT 的开关过程是在微秒级的极短暂时间内完成的,而高速开关动作会引起电路中电压和电流的急剧变化。这些急剧变化的电压和电流不但会使 IGBT 承受过大的电压和电流,并增加器件的开关损耗、威胁 IGBT 的工作,而且对逆变器的电磁兼容性能也会产生十分不利的影响。为了解决这些问题,经常采用的办法是在逆变器的主电路中加设各种缓冲电路,其作用包括:减小开关过程中的过电压和过电流的大小,保证 IGBT 工作在安全区域,抑制过大的 du/dt 和 di/dt;减小 IGBT 的开关损耗,提高设备的效率;提升IGBT承受过载和短路的能力;改善设备的电磁兼容性能。

在 IGBT 导通过程中,其电流的大小和电流的增长可以受驱动电路的控制,而且由若干个 IGBT 胞元并联构成的大功率 IGBT 模块,其总的电流和 di/dt 耐量是各个胞元的电流和 di/dt 耐量之和,因此 IGBT 所允许的 di/dt 非常大(可达每微秒几千安)。正因为如此,在一般的 IGBT 逆变器中无须专门设置用于抑制 di/dt 的开通缓冲电路。但是由于IGBT 具有较高的开关速度,当 IGBT 关断时,储存在逆变器主电路分布电感中的能量所引起的关断过电压甚为严重,为此必须设置关断过电压吸收电路。

如图 7-24 中的电容 $C_1 \sim C_6$、电阻 $R_1 \sim R_6$ 和二极管 $VD_1 \sim VD_6$ 组成了静变电源大功率逆变器中常用的交叉钳位缓冲电路,电容可以吸收分布电感的储能,二极管可以防止可能出现的振荡,吸收电容中的过多电荷或通过电阻逐渐泄放,或通过二极管回馈加以利用,所以效率比较高。由于是交叉钳位,每相桥臂都需要配备一套吸收电路,结构复杂,成本高,但吸收效果较好。

有时在静变电源中为了保证逆变器的可靠运行,在交叉钳位缓冲的基础上,再增加一级简单的吸收电路,即在 IGBT 半桥的直流电源端就近跨接一个吸收电容(图中未给出),用于吸收直流母线上的分布电感的储能,又可以滤掉其中的高频噪声干扰。为了减小吸

154

收电路内的分布电感,提高吸收的效果,一般采用专门设计的高频聚丙烯电容,而且有些电容的外形和接线端甚至经过专门设计,可直接装配在相应的 IGBT 模块的接线端子上,使用起来非常方便。

3)变压器及输出电路

变压器及输出电路用于将高频交流脉冲电压经过变压、交流滤波电路,滤除各次谐波,输出电压为 400Hz 正弦波电压。

如图 7-24 中同时给出了某型静变电源的变压器及输出电路,主要由 400Hz 输出变压器 T_1、交流滤波电容器 $C_7 \sim C_{12}$ 和输出断路器 QF_2 等组成。采用输出变压器 T_1 具有降压(或升压)及隔离作用,把逆变环节和负载隔离开,减小负载剧烈变化对逆变环节的冲击影响;同时输出变压器和电容器 $C_7 \sim C_{12}$ 组成输出 LC 滤波器,用于抑制电压波形中的谐波成分,提供标准的 400Hz 正弦波输出电源;断路器 QF_2 用于在电源输出端过载或短路时提供保护及输出控制。

2. 控制电路

1)控制核心电路

控制核心电路主要是指 PWM 信号的生成及控制电路。目前,静变电源基本上采用单片机或 DSP 作为控制电路,这些 CPU 或监控静变电源的运行,或直接参与 PWM 信号的生成。实现 PWM 控制的方法很多,具体的控制方案不尽相同,大体上可以分为硬件电路生成和软件控制产生两大类。

(1)利用硬件电路产生 PWM 脉冲,具体实现方法如下。

① 模拟电路实现。由模拟元器件构成的三角波和正弦波发生器,分别产生模拟正弦调制波 u_r 和三角载波信号 u_c,再送入模拟比较器的两个输入端,在比较器的输出端就可以得到所需要的 SPWM 控制信号。这种方法的电路原理非常简单,确定脉冲宽度所用的时间短,几乎是瞬间完成的。但是所用硬件比较多,而且不够灵活,改变参数和调试比较麻烦,在三相逆变器中很少采用。

② 用 EPROM 和 D/A 实现。由 EPROM 和 D/A 转换器构成调制波产生电路是比较成熟的方法。将参考正弦波按规则采样法离线算好后存于 EPROM 中,若为三相电源,参考正弦波互差 120°,使用一片小容量的普通 EPROM(如 2764)即可。使用中,再利用输出反馈调节参考正弦的对称性,以得到比较精准的正弦波。这种方法在单片机构成的逆变电源中应用较多,也相对成熟。

③ 采用专用集成电路。由于简单的硬件电路在控制上缺乏灵活性,因此,随着微电子技术的发展,已开发出一批用于发生 SPWM 信号的集成电路芯片。这一类芯片很多,最具有代表性的是 SA8281、SA8282 以及 SA4828 系列专用三相 PWM 发生器,该系列芯片具有优良的控制性能,主要表现在:全数字控制,可以方便地实现和各种微处理器的接口,绝大多数控制参数都可以由微处理器直接设置;内部固化调制波数据,可实现 SPWM 或注入三次谐波的 SPWM;载波频率可达 24kHz,能满足绝大多数逆变器控制的需要;能自动实现对最大脉宽和最小脉宽的控制。

(2)利用软件产生 PWM 脉冲。随着各种各样微处理器性能的不断提高、成本的迅速降低,以及各种应用领域对逆变器性能和功能要求的日益提高,微处理器在逆变器中的应用越来越广泛,利用软件完成 PWM 控制已基本取代硬件电路,成为逆变器 PWM 控制的主角。与此同时也正是借助于微处理器的强大计算和逻辑处理功能,很多先进的 PWM 控制策略才真正得以推广应用。

微处理器控制的 SPWM 控制模式常用的有自然采样法和规则采样法两种方式,需要通过计算来确定 SPWM 的脉冲宽度,有一定的延时。为此,在有些微处理器中设计有特殊的外设,专门负责产生 PWM 信号,比如 Intel 公司的 8x196MC 单片机中的波形发生器 WG。而有些微处理器,如美国 TI 公司的 TMS320F2000 系列芯片,甚至将电压空间矢量脉冲宽度调制的一部分算法也集成到内部的硬件空间矢量发生器中,以求最大限度地降低软件的参与度,从而进一步提高软件的效率。DSP2812 是其有代表性的经典芯片,目前,大多数静变电源采用 DSP2812 控制。近年来,使用高性能 ARM® CortexTM – M3 32 位 RISC 内核的 STM32F103 单片机在静止变频电源和变频调速中也得到了广泛使用。该单片机片内集成三相 PWM 波发生器,自带死区和保护电路、正交编码器接口,适用于电机变频控制和静变电源控制。

2)隔离驱动电路

控制电路输出的 SPWM 信号驱动能力有限,为保证 IGBT 的可靠工作,必须对控制信号加以驱动。IGBT 多采用专用的混合集成驱动器,应用最普遍的是 M57962L 和 M57959L 两种厚膜集成驱动芯片。图 7-25 所示为 M57962L 的原理和接线。

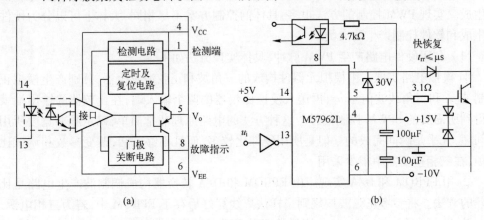

图 7-25 M57962L 型 IGBT 驱动原理和接线图

(a) 原理图;(b) 接线图。

M57962L 将退饱和检测、保护环节混合集成在一个单列直插式厚膜驱动片内,电源一般为 +15V 和 –10V。1 脚经高压快恢复二极管检测主开关管的集电极电位,一旦电流过大,反应最快的是集电极电位的升高(导通压降增大),1 脚的点位升高(主开关管正常饱和导通时 1 脚电位被拉低),内部控制电路很快将此信号传递给接口电路,内设逻辑判断环节在输入光耦导通时,若检测到 1 脚电位为高电平(与输入光耦的导通状态不符),则表明工作异常,迅速将输出关断,同时将 8 脚(故障指示)电位拉低,外部配接的光耦导通,经隔离将故障信号传递给外部的微处理器或其他控制逻辑电路,以备能在数毫秒之内切断 13 脚输入控制信号(即在过流时的快速响应和慢速关断)。若在数毫秒(如 2ms)内未能切断输入信号,则驱动电路将恢复故障前的导通驱动,如果此时仍然过流,则再检测,再响应。1 脚配接的 30V 稳压管起防止高电压串入、保护驱动片的作用。在栅射极之间

156

的两只反向串联稳压管起双向钳位保护作用。M57962L输出的正驱动电压均为+15V左右，负驱动电压为-10V。

3）其他控制电路

静变电源控制系统要对逆变器实施控制，保证电源的输出性能指标，必须有完善的检测系统，对输入电源的状态与参数、逆变器运行或输出的状态与参数、负载运行的状态与参数进行全面检测。这些检测量一方面作为反馈控制量输入控制系统，参与系统的负反馈闭环调节控制；另一方面作为系统运行的状态检测量，完成对系统的检测与保护。在系统出现故障时，保护电路能迅速动作并对系统进行可靠保护，保证电源长期稳定、可靠运行。

检测电路通常指输出检测电路，部分静变电源也对输入或中间直流环节进行检测。

输入检测对输入的50Hz电源检测，输入采样电路一般由高精度采样变压器和压敏电阻组成，压敏电阻可以防止输入电压瞬间过冲对后级造成损伤，高精度采样变压器将输入电压降压后送给CPU，对输入电压进行计算处理。输入端一般设置有输入相序错误、输入缺相、输入电压过低、输入电压过高等保护功能。

中间直流环节采样一般采用霍尔传感器。直流环节检测的目的主要用于保护，通常是检测直流母线电流，防止电流过大，产生不良后果。

输出检测电路对电源的输出电压、电流和频率进行采样后送给CPU，为CPU对电源系统的可靠控制提供有效且准确的运行信息。输出采样一般采用高精度采样变压器和高精度电流互感器。变压器、互感器输出信号经过调理后送入CPU，再由CPU进行判断处理和控制，通过控制功率级的调制深度，从而控制输出电压大小。输出端一般设置有输出过压、输出欠压和过流保护，输出短路保护由输出断路器实现。

显示及人工操作电路主要指人机交互，一般由按钮和显示器构成。受工作环境温度的限制，在军用静变电源中显示器一般采用数码管和真空荧光显示器（VFD），液晶显示器（LCD）应用较少。

辅助电源电路主要为系统提供辅助电源，如5V、10V、±15V等。系统的辅助电源电路主要由辅助变压器和小功率稳压电源构成。

IGBT的特性和安全工作区域与温度密切相关。当器件结温升高时，其安全工作区域缩小，如果器件开关轨迹不变，将有可能超过安全工作区域而损坏。当结温超过最高允许值时，器件将产生永久性损坏。器件在工作过程中的导通损耗和开关损耗本身成为发热源，因此，除了将器件安装在散热板上并选用适当的冷却方式外，还必须采取热保护措施（常用方式为温度继电器（温度开关）保护）。当温度发生变化时，热应变使继电器触点动作。温度继电器通常安装在散热器上，触点接在控制电路中。当检测到散热器温度超过设定阈值后，通过控制电路停止设备工作，完成热保护功能。

第8章 储能电源技术

储能电源作为新型移动电源之一,储能技术的应用可以使原来几乎完全"刚性"的电力系统变得"柔性"起来,在电能充沛时将多余电能储存起来,在使用时释放电能以满足用电需求,提升供电的及时性和可靠性。储能电源技术主要包括储能电源的电池选型、能量转换系统、电池管理及监控系统等。储能电源组成结构如图 8-1 所示。

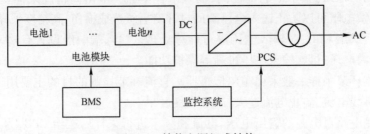

图 8-1　储能电源组成结构

8.1　电池选型与均衡技术

对备选的各厂家各型号进行全面对比,从容量、能量密度、体积、质量、倍率放电、寿命、循环次数、可靠性、保障性等方面进行比较,选择符合要求的电池厂家及电池型号。

8.1.1　电池选型原则

电池选型中,所选电池应具备以下条件。

(1) 容易实现多方式组合,满足较高的工作电压和较大工作电流。

(2) 电池容量和性能的可检测和可诊断,使控制系统可在预知电池容量和性能的情况下实现对电站负荷的调度控制。

(3) 寿命长,在极限情况下,即使发生故障也在受控范围,不应该发生爆炸、燃烧等危及电站安全运行的故障。

(4) 具有良好的快速响应和大倍率充放电能力,一般要求 5~10 倍的充放电能力。

(5) 较高的充放电转换效率。

(6) 易于安装和维护。

(7) 具有较好的环境适应性,较宽的工作温度范围。

(8) 符合环境保护要求,在电池生产、使用、回收过程中不产生对环境的破坏和污染。

目前,已经投入商用化生产的主要电池类型比较如表 8-1 所列。除表中所列电池外,还有铝—空电池、锌—空电池、石墨烯电池等新型电池,它们的功率密度更大、性能更佳,但距离大规模应用还有一段距离,因此本书在此不做详细介绍。

表 8-1 电池性能比较

性　能	钠硫电池	全钒液流电池	磷酸铁锂电池	阀控铅酸电池
现有应用规模等级	100kW～34MW	5kW～6MW	1kW～36MW	0.5～500kW
安全性	不可过充电；钠、硫的渗漏，存在潜在安全隐患	安全	需要单体监控,安全性能已有较大突破	安全性可接受,但废旧铅酸蓄电池严重污染土壤和水源
能量密度/(W·h/kg)	100～700	—	120～150	30～50
倍率特性/C	5～10	1.5	5～15	0.1～1
转换效率/%	＞95	＞70	＞95	＞80
寿命/次	＞2500	＞15000	＞2000	＞300
资源和环保	资源丰富；存在一定的环境风险	资源丰富	资源丰富；环境友好	资源丰富；存在一定的环境风险
关注点	安全性、一致性、成本	可靠性、成熟性、成本	一致性	一致性、寿命

从初始投资成本来看,磷酸铁锂电池有较强的竞争力,钠硫电池和全钒液流电池未形成产业化,供应渠道受限,较昂贵。从运营和维护成本来看,钠硫电池需要持续供热,全钒液流电池需要泵进行流体控制,增加了运营成本,而锂电池几乎不需要维护。根据国内外储能电站应用现状和电池特点来看,磷酸铁锂电池是目前储能电站主要的电池类型。

8.1.2　磷酸铁锂电池的基本特点

目前,国内主要的磷酸铁锂电池生产厂家包括比亚迪股份有限公司、山东润峰集团、山东海霸电池有限公司、贝特瑞、万向集团等近百家。近几年来,国内多家企业基于磷酸铁锂电池核心技术实现能源储存,并完成了多个实用性储能电站建设,达到对电网移峰填谷、平滑负荷曲线的目的,形成对电网的有力支撑。

以比亚迪生产的磷酸铁锂电池为例,正极材料为磷酸铁钴锂 $LiFeCoPO_4$,与传统的钴酸锂电池相比,铁电池的能量密度为钴酸锂电池的75%,但在制造成本、安全性能、循环寿命、功率输出范围等方面都具有明显优势。电池生产工艺包括配料、涂布、辊压、表面检测、分切、卷绕、装配、烘烤、注液、陈化、化成、存放、分容、分选、组装、模组分容等多道工序,采用自动化生产线,生产车间设计为无尘车间,较好的保证了电池的品质和电池之间的一致性。

磷酸铁锂电池模块有48V/50Ah、12V/50Ah、12V/150Ah、12V/200Ah 等参数型号,以能量型 FV200A 铁电池为例,介绍其基本特点。

1. 技术参数

（1）额定电压:3.25V；

（2）容量:200A·h；

（3）质量:6.7kg；

（4）体积:389.7mm×57.7mm×145.7mm；

（5）充电电压:(3.600±0.049)V；

159

（6）充电电流：标准：100A，快充：200A，最大充电电流：600A；

（7）放电电流：常规：200A，快放：600A，最大放电电流：1000A；

（8）放电终止电压：2.00V；

（9）运行温度：充电 $-10 \sim 50℃$，放电 $-20 \sim 60℃$；

（10）运行相对湿度：$10\% \sim 90\%$；

（11）内阻：$\leqslant 1m\Omega$；

（12）自放电：25℃保存条件下，28 天后，自放电不超过 30mV；

（13）充放电效率：97%；

（14）根据上述数据推算，FV200A 铁电池的储能容量约为 0.65kW·h，能量密度（体积）为 198.4kW·h/m^3，能量密度（重量）为 97kW·h/t。

2. 循环寿命

铁电池常温条件下（25℃），1C 充电电流，4C 放电电流，循环 6600 次后，电池剩余容量保持在设计容量的 80%。

测试表明铁电池的循环寿命受温度影响较大。如果长期工作于 45℃环境下，循环寿命可能缩短 50%，如果长期工作于 60℃环境下，循环寿命将更短。

另一方面，铁电池的循环寿命受充放电速率的影响也较大。对于 200A·h 电池，如果采用 0.125C（25A）充电，0.25C（50A）放电，循环寿命将达到 7000 ~ 10000 次，按一天一次循环计算可使用 19 ~ 27 年，浅充浅放时寿命将更长。

3. 铁电池的回收处理

制造铁电池的材料均为无毒材料，其正极材料为磷酸铁钴锂，负极材料为碳类材料，正极板为铝箔，负极板为铜箔，介质是溶剂和锂离子电解质，隔膜为高分子聚合物，这些材料本身对环境不构成污染影响，与常规电池相比具有良好的环保性能。铁电池回收利用技术可提取废弃电池中的有效成分进行重复利用，降低资源消耗，减少环境污染。

4. 安全性分析

铁电池采用新型安全阀设计，密封在电池内，炉温测试表明当电池内部压力超过 0.2MPa 时，安全阀动作，防止电池爆炸发生。另外铁电池还通过了针刺、挤压、撞击、短路、过充、反充、过放、火烧等安全性测试，验证了铁电池具有较高的安全性。

8.1.3　电池均衡技术

大容量储能电源需要将多个电池串并联组合使用，才能够达到设计要求。以 FV200A 铁电池为例，额定电压 3.25V，容量为 200A·h，如要达到 30kW·h 的总容量，可以将 16 节电池单体串联成电池组，再并联三个电池组，则 3.25V×200A·h×16 节×3 组 = 31.2kW·h，直流侧电压为 52V。

在电芯批量生产过程中，由于原料及生产工艺的波动，电芯的容量、内阻、电压及自放电率均会有一定的偏差。当电池串或并联成组后，其电压、内阻、电荷量等参数存在一定的差别。这种不一致性经过多个充放电周期后会变得更加严重，甚至会对电池的循环寿命造成严重影响。

缓解电池不一致的措施主要有以下四种。

（1）一方面在电池出厂前提高工艺一致性水平，另一方面是对即将成组的电池单体以电压、内阻为标准进行筛选，加强匹配度。

（2）在使用中加强维护，定时测量电池单体电压，对电压异常的单体及时进行调整更换，对电压测量中电压偏低的电池，进行单独充电，使其性能恢复。

（3）避免电池过充电、深度放电，磷酸铁锂电池在电池组荷电状态（State of Charge，SOC）小于10%或大于90%时，电压变化率较大，容易失控。

（4）对电池组加装能量均衡系统，对电池组充放电进行智能管理。

综上，影响锂电池不一致性的客观因素很多，不论在生产中还是使用中都是难以避免的。不一致性对整组寿命的影响是影响规模储能经济性的重要因素。在组成储能电源系统时，主要针对上述第四种措施即均衡系统进行研究，给电池组另外配一套电路和控制管理系统，保证电池组内各单体电池荷电状态相同，防止电池组在使用过程中的过充及过放，使电池组性能不受损害。

1. 电池均衡电路拓扑

目前常用的磷酸铁锂电池均衡电路拓扑分为能量耗散型电路和非能量耗散型电路两种。

（1）能量耗散型均衡电路的原理，即通过电阻限制流过电压较高电池的电流，从而减少电池间的电压差，通过控制电路反复检测，多轮循环后，达到整组一致。该方法的优点是结构简单、可靠性高、成本低。缺点是能耗较大、均衡速度慢、效率低，且电阻散热会影响系统正常运行。

（2）非能量耗散型电路分为两种，即开关电容法和DC/DC变流器法。

① 开关电容法。是指通过切换开关，控制电容存储释放能量，以实现能量在电池中的转移。该拓扑中的储能元件可以是电容或电感，原理相似。这种均衡方法结构简单，容易控制，能量损耗比较小，但当相邻电池的电压差较小时，均衡时间会较长，均衡的速度慢；均衡效率低，对大电流快速充电的场合不适用。

② DC/DC变流器法。利用DC/DC变流器均衡的电路拓扑主要分为集中式和分布式两种。从理论上讲没有损耗，均衡速度快，是现在铁锂电池均衡的主流方案。集中式变压器均衡法采用集中式变压器，即一个原边多个副边绕组的变压器，每个电池单体并联一个变压器副边绕组，各副边绕组匝数相等，使得电压越低的单体能够获得的能量越多，从而实现整个电池组的均衡；分散式均衡法则是给每个电池单体配置一个并联均衡电路，从拓扑结构上来讲，分散式均衡分为带变压器的隔离型电路和非隔离型电路两类。

2. 电池均衡控制策略

均衡控制策略在均衡目标上一般分为外电压、最大可用容量、实时SOC三种。

以外电压为均衡目标的控制策略是指在充放电过程中实时测量电池单体外电压，对组内电压高的电池进行放电，电压低的电池进行充电，由此调整电池组电压趋于一致。

以最大可用容量和实时SOC为均衡目标的均衡策略是指在充放电过程中控制各电池的剩余容量或SOC相等。由于容量和SOC都不能直接测量得到的电池参数，需要通过可以测量的一次量（电压、电流、温度等）计算得到的二次量，计算的准确度受计算方法、电池模型的制约，电池老化、自放电、温度也是影响因素，很难确切地掌握每节单体电池的具体容量和SOC。因此，目前这种控制策略应用较少。

常用的均衡策略有平均值和差值比较法、模糊控制法两种。

（1）平均值和差值比较均衡方法。可分为两类：一是简单地把单体电压与整组的平组电压进行对比，对电压比较高的单体采取放电措施；二是比较相邻单体的电压，端电压较高的单体给端电压低的单体放电。

（2）模糊控制法。通过实时调整控制策略对均衡过程进行调节，考虑到电池是非线性系统，其难点在于设计适合不同电池的模糊控制规则，并需根据实测电池的各参数不断改进模糊规则，但此方法在实际应用中还没有普及。

由于电压是电池组不一致性最直观、最容易测量的表现形式，因此以外电压为控制目标的平均值和差值比较均衡策略是目前应用最广泛的，其优点是控制方式容易实现，对算法要求不高，缺点是用单一电压均衡，均衡的精度和效率难以保证。

3. 技术方案

规模储能系统往往是上述各技术的综合应用。可采用电阻型放电 DC/DC 补电电路，以电池工作电压为均衡目标，利用集中式 DC/DC 变流器拓扑作为使用频率较高的补电电路，利用电阻耗散型均衡电路作为放电电路，这样补电电路中电流只需单向流动，减少了开关器件的数量以及成本，控制策略中以补电为主、放电为辅，能够同时满足均衡效率和成本的双重要求。

具体技术方案是由电池能量管理单元（Battery Management Unit，BMU）实时检测单体电压，根据均衡策略和电池组充放电状态，当判定某一电池单体 SOC 偏低需要补电时，DC/DC 输出电能，当补电到目标值以后，补电均衡自动停止。当判断某电池单体电压偏高需要放电时，打开对应的放电回路，放电电阻（$R_1 \sim R_n$）对该单体放电。当放电到目标值以后（或放电温度过高）时，放电均衡会自动停止。电池模块内部均衡原理框如图 8-2 所示。

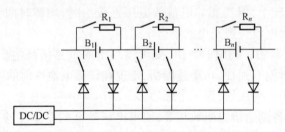

图 8-2　电池均衡技术方案

8.2　能量转换系统

能量转换系统（Power Converter System，PCS）是储能电源运行的核心技术之一，用做研究 DC/DC 变换、SPWM 变流、DSP 控制、隔离变压器输出等技术，集成实现 DC/DC 升压、DC/DC 降压、DC/AC 逆变、AC/DC 整流、控制、功率调节和保护等功能，其原理如图 8-3 所示。

PCS 研究的关键点在于：①采用合理的拓扑，以避免电池组直接并联所引发的不可控环流问题；②控制策略上，应保证 PCS 能够达到毫秒级快速响应，并能应对电压扰动。

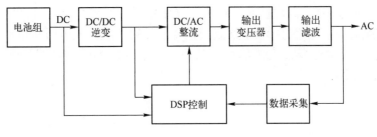

图 8-3　PCS 原理

8.2.1　PCS 拓扑结构

PCS 的核心是能量转换系统,即 DC 和 AC 之间的相互转换,也叫储能变流器。储能变流器是连接电池和负载(或电网)的桥梁,它负责对储能系统充电以及向负载供电,变流器的性能直接决定储能系统的安全与稳定。其形式比较多样,根据其拓扑结构,可以分为单级型和多级型两种。

1. 单级型拓扑

单级型储能变流器的拓扑结构如图 8-4 所示,仅由一个 DC/AC 环节构成,即一个 PWM 整流器。当给负载供电时,蓄电池组存储的能量经过 PWM 整流器进行 DC/AC 逆变,变换为交流电给负载供电;当给电池充电时,电网的交流电通过 PWM 整流器进行 AC/DC 整流变换为直流电存储在电池组中。PWM 整流器可以工作于整流状态或逆变状态以实现功率的双向流动。

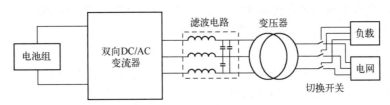

图 8-4　单级型储能变流器拓扑结构

单级型拓扑结构的优点是结构简单、控制方法简便,储能变流器的损耗低,能量转换效率高。

单级型拓扑结构的缺点有:储能系统的容量配置缺乏灵活性,一旦电池组的容量配好就无法随时调整,而且在需要多组电池运行的环境下,需要配备多个储能变流器,造成成本增加;电池的电压工作范围较小(为了保证 PWM 整流器的正常工作,电池组的电压不能太低,要保持在一个相对较高的范围),限制了电池的电压工作范围;电池组的均流特性不好,单级型的储能变流器只能控制整个电池的充/放电的总电流,无法控制单组电池的充/放电电流,由于电池组之间的内阻不完全相等,所以整个电池的充/放电总电流在各个电池组之间的分配不均匀,造成电池组之间的均流特性不好。

2. 多级型拓扑

多级型储能变流器的拓扑结构如图 8-5 所示,与仅含一个 DC/AC 环节的单级型拓扑相比,多级型拓扑多了一个 DC/DC 环节。

多级型储能变流器由一个双向 DC/DC 变换器和 PWM 整流器构成,其工作原理是将电池组产生的直流电能,先经过 DC/DC 变换器将电压等级提高以后,再供给 PWM 整流器作为直流侧输入电压,经过 PWM 整流器逆变后供给负载。充电时将电网产生的交流电能,先经过 PWM 整流器整流成直流电压,该电压经过 DC/DC 变换器将电压等级降低,得到电池的充电电压。

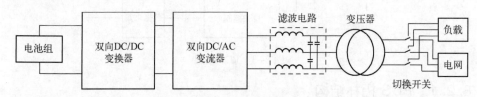

图 8-5   多级型储能变流器拓扑结构

多级型拓扑的优点是电池组的电压工作范围较宽。电池电压先经过 DC/DC 变换器进行电压等级变换,对电池的工作电压范围要求降低,电池可以实现宽范围运行。

与单级型相比,多级型拓扑的弱点主要包括:变流器增加一个 DC/DC 环节后,整个系统的能量转换效率有所降低;由于设备增多,需要考虑 DC/DC 变换器、PWM 整流器之间的协调配合问题,增加了控制的复杂性。尽管如此,但因其明显的优点,故在各种类型的储能电源中应用较多。

8.2.2   PCS 主电路拓扑

根据 PCS 拓扑结构可以看出,储能变流器不仅要能量双向流动、低谐波、高功率因数,而且要能适应多种储能电池的充放电要求。一般来说,储能变流器由双向 DC/DC 变换器、双向 DC/AC 变流器两部分组成。

1. DC/DC 变换器拓扑

双向 DC/DC 变换器的拓扑结构总体上分为无隔离型双向 DC/DC 拓扑结构、带变压隔离器的双向 DC/DC 拓扑结构两大类。

隔离型拓扑中含有高频变压器,DC/DC 变换器通过变压器进行升压,可以实现电池组和电网之间的电气隔离,但是由于引入了高频变压器降低了能量转换的效率,同时增加了变换器的设计成本。隔离型双向 DC/DC 变换器主要包括正激式、反激式、推挽式、桥式等拓扑结构,以及这些拓扑结构的有机组合。

非隔离型由于不含高频变压器,因此其结构简单、所需器件少、体积小、成本低、可靠性高。整体能量转换效率高,控制相对简单。但因其电池组与电网不能电气隔离的问题(尤其是在电网出现问题时)可能会干扰电池的通路,不利于电池组的安全稳定运行,所以其变比不能太大。非隔离型双向 DC/DC 变换器拓扑主要是将单向非隔离型拓扑结构中的二极管换成功率开关管而形成的,因此其主要包括双向半桥式、双向 Buck - Boost 式、双向 Cuk 式、Sepic 式四种主要的拓扑结构,以及这些拓扑结构的有机组合。如图 8-6 所示为非隔离型四种主要的拓扑结构。

相对于其他几种电路,双向桥式 DC/DC 变换电路输入和输出电压极性相同,结构相对简单、便于控制,并且也是应用最多的一种电路。

2. DC/AC 变换器拓扑

三相电压型 PWM 整流器具有能量双向流动、高功率因数、低谐波等优点,是双向

164

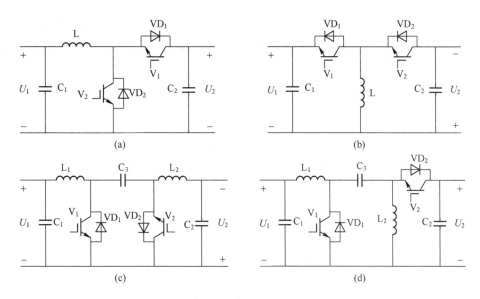

图 8-6　非隔离 DC/DC 变换电路基本拓扑结构

（a）双向半桥结构；（b）双向 Buck - Boost 结构；（c）双向 Cuk 结构；（d）双向 Sepic 结构。

DC/AC 变流器领域中最受重视的研究对象之一。随着电力电子技术的发展,目前在应用的 PWM 整流器有很多种类,按直流储能形式可以分为电压型、电流型,按相数可以分为单相、三相、多相。多年来国内外专家对三相电压型 PWM 整流器的不断研究,使得其技术已经日趋完善,所以电压型 PWM 整流器应用较多。PWM 开关调制技术已经发展到软开关调制,功率达到兆瓦级。

　　储能电源一般采用三相电压型 PWM 整流器(Voltage Source Rectifier, VSR)拓扑作为双向 DC/AC 变流器。拓扑结构如图 8-7 所示。

　　三相电压型 PWM 整流器以电网侧相电压 E 为参考,通过控制 PWM 整流器输出相电压 U,可以控制电网侧相电流 I 与相电压的相位关系,达到控制网侧功率因数的目的,实现 PWM 整流器的四象限运行。一般来说,基本运行状态分为整流运行、逆变运行、纯感性运行、纯容性运行四种。在储能电源中主要运行于整流和逆变两种状态。当需要向电池组充电时, PWM 整流器运行于整流状态,其输出电压 U_d

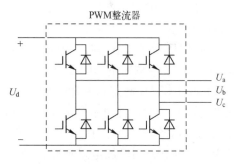

图 8-7　多级型储能变流器拓扑结构

通过双向 DC/DC 变换器降压后给电池组充电。当需要向负载供电时,工作于逆变状态,也就是标准的三相逆变电路,其输出交流电供给负载。需要注意的是,电压型 PWM 整流器电路是升压型整流电路,其输出直流电压只能从交流电压峰值附近向高调节,如果向低调节就会使电路性能恶化,甚至于不能正常工作。

　　3. 主电路拓扑

　　由于电源功率较大,单个电池容量有限,需要由多个电池串并联组合使用,因此一般采用的是多级型拓扑,包含多个并联的双向 DC/DC 变换器和一个 PWM 整流器,其结构如图 8-8 所示。每一组电池分别通过一个双向 DC/DC 变换器连接到中间直流侧,然后通过 DC/AC 环节后经过滤波、变压器变压后与负载(或电网)相连。

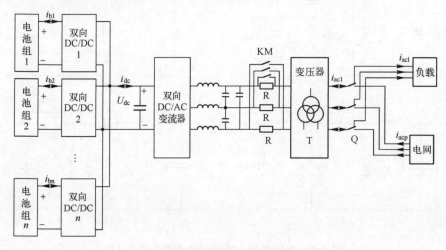

图 8-8　多级型储能变流器拓扑结构

采用多个 DC/DC 变换器具有的较大的优点有:可以接入多组电池,各电池组之间通过独立的 DC/DC 环节控制,实现对多组电池组的独立充/放电控制;电池组的电压工作范围宽;可以避免电池组之间的环流;实现对整个电池储能系统容量的灵活配置和对电池组的灵活投切,方便运行管理。

前端电池组输出经双向桥式 DC/DC 变换器、DC/AC 变流器、滤波电路、升压变压器 T 后,由选择开关 Q 选择充电还是作为电源。当作为电源使用时,DC/DC 变换器工作于升压状态、PWM 变流器工作于逆变状态、变压器 T 为升压,给负载提供电源。当需要充电时,变压器 T 为降压、DC/AC 变流器工作于整流状态、DC/DC 变换器工作于降压状态,给电池组充电。

升/降压变压器既可有效地将电池组与电网(或负载)隔离,又可以降低 DC/DC 变换器、DC/AC 变流器对电压的要求。

由于 DC/AC 变流器为升压变流器,当储能电源充电时,必须先断开 KM,使电网经过充电电阻 R 给直流侧电容预充电,之后合上 KM 使充电电阻 R 短路。同时,闭合蓄电池开关之前先将 DC/DC 变换器输入开关闭合,然后再开启 Buck – Boost 电路的脉冲,这样是为了保证在开启斩波电路脉冲后,电感有放电回路,否则容易引起 IGBT 管的损坏。放电工作时,必须先开启 DC/AC 变流器脉冲,然后再开启 Buck – Boost 电路的脉冲,否则,电容获得的能量释放不出去,会使电压无限制的升高,最终导致电容击穿。

8.2.3　PCS 控制策略

为降低电池组间环流,储能电源采用了"分组接入"的设计思路。"分组接入"是指单台大功率 PCS 由多组小功率模块组成,采用一套 CPU 控制系统实现模块间的协调控制。分组接入单级式 PCS 拓扑结构(如图 8-9 所示)。分组接入双级式 PCS 的主电路拓扑如图 8-10 所示。图 8-10 中,大功率 PCS 由 $2n$ 个 DC/DC 模块和两个 DC/AC 模块组成,分别接入 $2n$ 个电池组,直流输入电压范围达 $300 \sim 800\text{V}$。

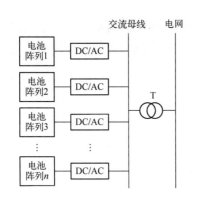

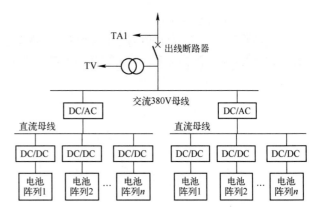

图 8-9　分组接入单级式 PCS 拓扑结构　　　　图 8-10　分组接入双级式 PCS 的主电路拓扑

　　采用分组接入方式后,各电池组充放电电流可单独控制,并能够根据 SoC 进行灵活控制,从而有效避免电池组间环流。

　　采取分组接入方案的 PCS 能够有效控制各支路电池充放电电流,各支路电流离散系数远小于单级式 PCS,这对于延长大容量电池储能系统的使用寿命非常有利。

　　以双级式 PCS 为例,采用 DC/DC 控制功率、DC/AC 控制电压的模式,能实现并网和离网运行,难点在于直流母线电压控制。

1. 并网和离网控制策略

　　PCS 并网运行控制采用空间矢量控制方法,DC/AC 采用电网电压定向矢量控制,双闭环结构,外环为电压环,内环为电流环,基于 dq 坐标下实现 PQ 解耦控制和直流母线电压控制;采用电压空间矢量脉宽调制(SVPWM)方法控制其开关器件的通断。DC/AC 并网控制策略如图 8-11 所示。

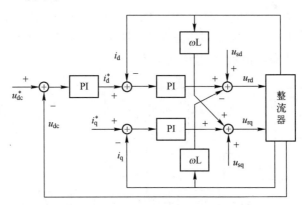

图 8-11　DC/AC 并网控制策略

　　在离网放电模式下,具备离网运行能力的 PCS 采用 V – f 控制方式,为交流母线提供恒定的电压和频率参考,其他的储能 PCS 维持电流源模式控制 P 和 Q。图 8-11 中,u_{dc} 为直流母线电压;u_{dc}^* 为给定直流母线电压;i_d、i_q 为 d 轴、q 轴电流分量;i_d^*、i_q^* 为给定的 d 轴、q 轴电流分量;u_{rd}、u_{rq} 为控制电压的 d 轴、q 轴分量;u_{sd}、u_{sq} 为给定的控制电压 d 轴、q 轴分量。

2. 直流母线电压控制

为消除暂态下直流母线电压冲击和波动,储能电站在 d 轴控制回路采用基于功率平衡和时滞补偿(一阶微分环节)相结合的前馈补偿方法,在直流电压控制通路中引入前馈传递函数 $G(s)$,如图8-12所示。

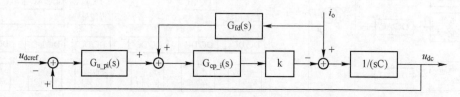

图8-12 基于功率平衡和一阶微分的前馈补偿控制

图8-12中,$G_{u\_pi}(s)$ 为直流母线电压外环传递函数;$G_{cp\_i}(s)$ 为 DC/AC 电流环传递函数;i_o 为 DC/AC 侧输出电流;k 为逆变器增益;$G_{fd}(s)$ 为一阶微分环节;u_{dcref} 为直流母线电压参考值。

3. 电流控制

对于额定功率、容量相当的储能单元,由于蓄电池个体性能、双向 DC/DC 变换器和线路参数等问题,并联运行过程中会出现负载电流分配不均的问题,因此,除需要控制功率的双向流动外,还需要解决的主要问题是其各个模块的电流均分问题。

通常各双向 DC/DC 变换器模块之间是有相互联络线的,也就是它们的控制是有相互联系的。有互联线的并联均流方法包括众多实现办法和控制方式,其特点是各个 DC/DC 电路之间存在通信或者信号连线,能了解彼此的信息和状态,在此基础上进行控制,实现电流均分。常见的互联线并联均流方法有主从设置法、平均电流法、最大电流法。电流型控制的 DC/DC 电路在诸多方面有较大优势,在控制系统中引入电流反馈环节(图8-13),可以提高系统的稳态和动态性能。图中 U_i 为输入电压,U_o 为输出电压,U_o^* 为给定输出电压,I_L 为采集电流,I_L^* 为给定电流。

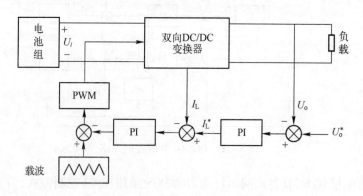

图8-13 双闭环控制方法框图

采用电流型控制有如下优点。

(1)系统的瞬态特性得到改善。在 DC/DC 电路中添加电流控制的系统中,电压波动或者是负载的突变等扰动,都会立即引起电感电流或者功率开关管的电流变化,通过电流传感器实时地采样电流信号的变化将使系统立即做出反应和调节。而电压单环控制的电路必须等输出电压发生变化后才会开始控制调节。因此,在系统动态响应快速性和调节性能等方面双环控制系统有很大优势。

(2)应用电压电流双闭环控制的系统,可以有效地限制开关器件的电流,以保护功率开关器件。双环系统中,外环电压环的 PI 调节输出值作为内环电流环的给定值,可以通过对外环 PI 调节器的输出限幅,来限制内环电流给定,以防止功率器件过流。

(3)DC/DC 变换器并联运行的系统中,应用电压电流双闭环控制可以改善均流效果。因为各个模块采集的输出电压值相同,当外环电压环的 PI 参数设置一致时,内环电流环的电流给定值将一致,虽然实际应用中存在不可忽视的误差,但是此方法还是有助于负荷的自动分配的。

(4)系统的稳定性得到提高。采用电压电流双闭环控制,控制系统采样 DC/DC 电路输出电压与输出电压给定值比较,进行比例积分调节从而控制电压。同时,PI 调节器输出值再经电流偏差信号的修正,得到内环电流环的电流给定值。采样 DC/DC 电路电感的电流值,它和内环电流给定进行 PI 控制,调节器的输出值作为调制波,与载波相作用调节占空比进而控制双向 DC/DC 电路。这里的电流偏差信号是由并联系统的各个双向 DC/DC 电路的电感电流值求出平均电流,再用该 DC/DC 电路的电感电流值减去平均电流得来的。

系统工作时,双向 DC/DC 电路的输出电压跟随外环电压给定值,同时内环电流跟随内环电流给定值,当系统中某一个双向 DC/DC 电路中流过电感的电流值升高并且大于整个系统的平均电流值时,电流偏差信号小于零,该双向 DC/DC 电路的电流内环控制的给定值下降,从而使该电路的电感电流值降低,使之回归到平均值。同样的,当某一双向 DC/DC 电路的电感电流值减小至低于平均值时,电流偏差信号将大于零,使该电路中内环电流给定值上升,从而调节电感电流使之恢复至平均值。

8.3 电池管理及监控系统

电池管理系统(Battery Management System,BMS)及监控系统用于控制电池模块,保障电池的安全可靠工作。需要对电池单体电压、温度、告警等信号进行监测。另一方面,储能电源还需要利用这些监测数据对 PCS 实施闭环控制,面临监控数据量大、实时要求高的技术难点,并且 BMS、PCS、保护测控等设备的通信规约各异的情况下,需要按照统一标准构建监控系统,保证系统正常运行。

BMS 原理结构图如图 8-14 所示,采用分层、分布的网络通信系统架构。

由于电池数目庞大,BMS 分层结构由最底层、中间层和最上层构成。最底层的 BMS 控制器控制一个电池模块,监视每个电池单体的电压、温度,以及模块的电流和漏电流。最上层的电池堆管理器用于与中央控制系统交换信息,并向中间层的电池组管理器发布命令。中间层的电池组管理器的层数和各层数目可根据电池数目及分组需要配置。BMS 还具有过压、欠压、温度、漏电报警及保护功能,以及过流报警功能。

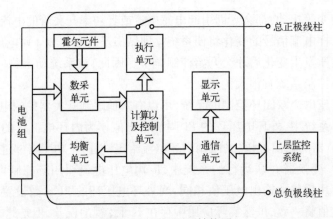

图 8-14　BMS 原理结构图

8.3.1　电池管理系统的要求

在储能电源中,储能电池往往由几十串甚至几百串以上的电池组构成。由于电池在生产过程和使用过程中,会造成电池内阻、电压、容量等参数的不一致。这种差异表现为电池组充满或放完时串联电芯之间的电压不相同,或能量的不相同。这种情况会导致部分过充,而在放电过程中电压过低的电芯有可能被过放,从而使电池组的离散性明显增加,使用时更容易发生过充和过放现象,整体容量急剧下降,整个电池组表现出来的容量为电池组中性能最差的电池芯的容量,最终导致电池组提前失效。

8.3.2　电池管理系统的功能

1. 单体电池电压均衡功能

此功能是为了修正串联电池组中由于电池个体自身工艺差异引起的电压或能量的离散性,避免个别单体电池因过充或过放而导致电池性能变差甚至损坏情况的发生,使得所有个体电池电压差异都在一定的合理范围内。要求各节电池之间误差小于 ±30mV。

2. 电池组保护功能

单体电池过压、欠压、过温报警,电池组过充、过放、过流报警保护,切断等。

3. 数据采集功能

采集的数据主要有单体电池电压、单体电池温度(实际为每个电池模组的温度)、组端电压、充放电电流、计算得到的电池内阻。电池管理系统需要和调度监控系统进行通信,上送数据和执行指令。

4. 诊断功能

BMS 具有电池性能的分析诊断功能,能根据实时测量电池模块电压、充放电电流、温度和单体电池端电压、计算得到的电池内阻等参数,通过分析诊断模型,得出单体电池当前容量或剩余容量的诊断,单体电池健康状态的诊断、电池组状态评估,以及在放电时当前状态下可持续放电时间的估算。

5. 热管理

铁电池模块在充电过程中,将产生大量的热能,使整个电池模块的温度上升,因而,BMS 具有热管理的功能。

6. 故障诊断和容错

若遇工作异常,BMS 给出故障诊断告警信号,通过监控网络发送给上层控制系统。

对储能电池组每串电池进行实时监控,通过电压、电流等参数的监测分析,计算内阻及电压的变化率,以及参考相对温升等综合办法,即时检查电池组中是否有某些已坏不能再用的或可能很快会坏的电池,判断故障电池及定位,给出告警信号,并对这些电池采取适当处理措施。当故障积累到一定程度,而可能出现或开始出现恶性事故时,给出故障告警信号输出、并切断充放电回路母线或者支路电池堆,从而避免恶性事故发生。

采用储能电池的容错技术,如电池旁路或能量转移等技术,当某一单体电池发生故障时,以避免对整组电池运行产生影响。

管理系统对系统自身软硬件具有自检功能,即使器件损坏,也不会影响电池安全。确保不会因管理系统故障导致储能系统发生故障,甚至导致电池损坏或发生恶性事故。

7. 其他保护技术

对于电池的过压、欠压、过流等故障情况,采取了切断回路的方式进行保护。

对瞬间短路的过流状态,过流保护的延时时间一般要几百微秒至毫秒,而短路保护的延时时间是微秒级的,几乎是短路的瞬间就切断了回路,避免短路对电池带来的巨大损伤。

在母线回路中一般采用快速熔断器,在各个电池模块中,采用高速功率电子器件实现快速切断。

8. 电池在线容量评估

在测量动态内阻和真值电压等基础上,利用充电特性与放电特性的对应关系,采用多种模式分段处理办法,建立数学分析诊断模型,来测量剩余电量。

分析电池的放电特性,基于积分法采用动态更新电池电量的方法,考虑电池自放电现象,对电池的在线电流、电压、放电时间进行测量;预测和计算电池在不同放电情况下的剩余电量,并根据电池的使用时间和环境温度对电量预测进行校正,给出剩余电量的预测值。

为了解决电池电量变化对测量的影响,可采用动态更新电池电量的方法,即使用上一次所放出的电量作为本次放电的基准电量,这样随着电池的使用,电池电量减小体现为基准电量的减小;同时基准电量还需要根据外界环境温度变化进行相应修正。

9. 电池健康状态评估

对锂电池整个寿命运行曲线充放电特性的对应关系分析,进行曲线拟合和比对,得出蓄电池健康状态评估值,同时根据运行环境对评估值进行修正。

10. 电池组的热管理

在电池选型和结构设计中应充分考虑热管理的设计。圆柱形电芯在排布中的透气孔设计及铝壳封装能帮助电芯更好的散热,可有效防鼓,保证稳定。

BMS 含有温度检测,对电池的温度进行监控,如果温度高于保护值将开启风机强制冷却,若温度达到危险值,该电池堆能自动退出运行。

参 考 文 献

[1] 杨建军. 地空导弹武器系统概论[M]. 北京:国防工业出版社,2006.

[2] 姬慧勇. 内燃机结构与原理[M]. 北京:国防工业出版社,2012.

[3] 杨贵恒. 柴油发电机组技术手册[M]. 北京:化学工业出版社,2008.

[4] 杨贵恒. 柴油发电机组实用技术技能[M]. 北京:化学工业出版社,2013.

[5] 袁春. 柴油发电机组[M]. 北京:人民邮电出版社,2003.

[6] 杜润田. 通信用柴油发电机组[M]. 北京:人民邮电出版社,2008.

[7] 蒋世忠. 柴油机的结构原理与维修[M]. 北京:机械工业出版社,2013.

[8] 陈家瑞. 汽车构造(上册)[M]. 北京:机械工业出版社,2006.

[9] 苏石川. 现代柴油发电机组的应用与管理[M]. 北京:化学工业出版社,2005.

[10] 母忠林. 道依茨柴油机结构与维修全图解[M]. 北京:化学工业出版社,2013.

[11] 姚春德. 内燃机先进技术与原理[M]. 天津:天津大学出版社,2010.

[12] 周龙宝. 内燃机学[M]. 3版. 北京:机械工业出版社,2011.

[13] 蒋德明. 高等内燃机原理[M]. 西安:西安交通大学出版社,2002.

[14] 孙建新. 内燃机构造与原理[M]. 北京:人民交通出版社,2009.

[15] 林波. 内燃机构造[M]. 北京:北京大学出版社,2008.

[16] 李明海. 内燃机构造[M]. 北京:水利水电出版社,2010.

[17] 汤蕴璆. 电机学[M]. 5版. 北京:机械工业出版社,2014.

[18] 才家刚. 电机试验技术及设备手册[M]. 3版. 北京:机械工业出版社,2015.

[19] 阎治安. 电机学[M]. 2版. 西安:西安交通大学出版社,2008.

[20] 胡敏强. 电机学[M]. 3版. 北京:中国电力出版社,2014.

[21] 李发海. 电机学[M]. 5版. 北京:科学出版社,2015.

[22] 顾绳谷. 电机及拖动基础[M]. 4版. 北京:机械工业出版社,2011.

[23] 王兆安. 电力电子技术[M]. 5版. 北京:机械工业出版社,2009.

[24] 曲永印. 电力电子技术[M]. 北京:机械工业出版社,2013.

[25] 徐德鸿. 现代电力电子学[M]. 北京:机械工业出版社,2013.

[26] 武卫力. 电力电子技术在电力系统中的应用[M]. 北京:机械工业出版社,2015.

[27] 尹克宁. 电力工程[M]. 北京:中国电力出版社,2008.

[28] 陈建明. 电气控制与PLC应用[M]. 3版. 北京:电子工业出版社,2014.

[29] 邓则民. 电器与可编程控制器应用技术[M]. 3版. 北京:机械工业出版社,2010.

[30] 严盈富. PLC实战指南[M]. 北京:电子工业出版社,2014.

[31] 王卫红. 可编程控制器应用教程[M]. 北京:人民邮电出版社,2010.

[32] 杨秀. 分布式发电及储能技术基础[M]. 北京:水利水电出版社,2012.

[33] 李永. 新能源车辆储能与控制技术[M]. 北京:机械工业出版社,2014.

[34] 艾芊. 分布式发电与智能电网[M]. 上海:上海交通大学出版社,2013.

[35] 朱永强. 新能源与分布式发电技术[M]. 北京:北京大学出版社,2010.

[36] 孙云莲. 新能源与分布式发电技术[M]. 2版. 北京:中国电力出版社,2015.